在二十四节气里细数日子

曹羽◎著

河北大学出版社
·保定·

ZAI ERSHISI JIEQI LI XISHU RIZI

在二十四节气里细数日子

曹羽　著

内文篆刻：冯宝麟

出 版 人：耿金龙

责任编辑：邓一鸣

装帧设计：傳薪BOOKS DESIGN

责任校对：赵　麟

责任印制：靳云飞

图书在版编目（CIP）数据

在二十四节气里细数日子 / 曹羽著. -- 保定 ：河北大学出版社，2019.5

ISBN 978-7-5666-1422-3

Ⅰ. ①在… Ⅱ. ①曹… Ⅲ. ①二十四节气－文化研究 Ⅳ. ①P462

中国版本图书馆CIP数据核字(2018)第273952号

出版发行：河北大学出版社

地址：保定市莲池区七一东路2666号　邮编：071000

电话：0312-5073033　0312-5073029

邮箱：hbdxcbs818@163.com　网址：www.hbdxcbs.com

经　　销：全国新华书店

印　　制：保定市正大印刷有限公司

幅面尺寸：185mm×245mm

印　　张：15.5

字　　数：210千字

版　　次：2019年5月第1版

印　　次：2019年5月第1次

书　　号：ISBN 978-7-5666-1422-3

定　　价：58.00元

曹羽，本名曹俊英，河北黄骅人，文化学者，中国作家协会会员。钟情大自然，酷爱古典，立足于文化、生活、心灵，把文字当成生命的一场修行。著有散文集《在路上》《给爱一个高度》《茶亦醉人何必酒》《种一片福田》，及艺术人物传记《潜翰录》《老墙斑驳》《岭上多白云》等。

目　录

春

夏

秋

冬

春

在二十四节气里细数日子

江南春早　吴冠中

立　春

——律回岁晚冰霜少，春到人间草木知

一候，东风解冻；二候，蛰虫始振；三候，鱼陟负冰。

一　春意思

我和汶源书院的缘分，是从一杯茶开始的。

又是一年的轮回，老友随缘居士，邀我到书院茶社参加立春茶会。书院在汶水一畔，正在兴建，是很有韵致的宋代建筑模式。简约的红木大门一侧，是一所古朴的四合院，极其幽静。室内陈设，也是简约大气，却于疏朗中见了厚重。

上午九时，诸茶友围坐在一间茶室，在与茶的对话中，迎接打春的第一缕消息。

茶室是落地窗，半卷了竹帘，窗外有三五棵百年老梅树，因刚刚移栽，花期迟了一些，疏淡的枝干上，花苞尚在阳和中含羞。茶室内却早已是一屋子的春意思了，一大盆野生的杜鹃花开得欢天喜地，一屋人自然也欢喜起来了。

随缘弟子青林起泡2014年武夷山的牛栏坑肉桂。这是一款获奖的岩茶。它的主人是首批国家级非物质文化遗产武夷岩茶制作技艺最年轻的传承人陈孝文——此刻，他就安静坐在茶席的一隅，身着大红羽

渊明醉归图 （明）张鹏

绒服，帅帅的霸气，像一泡大红袍。任世道喧嚣，他只想做一个安心事茶的美男子。

肉桂的香气，似乎是裹挟了漫山遍野的姹紫嫣红，幽幽地撞击着人。“一款好岩茶的香、清、甘、活都具足了。”随缘居士轻声感叹。他在茶里润了若干年，早已把自己泡成了岁月深处的一款老茶。

一首古琴曲《长相思》适时奏起，青林开始起泡2004年的老枞水仙，也是陈孝文的作品。青林是随缘居士的弟子，她泡茶的神韵，都是随缘的气息，那个茶人合一的状态，很让人痴迷。同是岩茶，肉桂香，水仙醇，自性显现，各得自在，那份禅意，在茶里，也在心里。

伴随着一曲《卧龙吟》，青林起泡立春茶会的第三款茶——布朗之巅。这是一款三十年的老茶，霸烈早已不再，只余平和、宁静，口感却更丰腴——陈韵、化感、药香，一段时光的美妙，都被老茶唤醒了。“夫君子之行，静以修身，俭以养德。非淡泊无以明志，非宁静无以致远。”一首古琴曲、一款老茶，似乎都得了诸葛的智慧，琴曲淡远，老茶静俭，都是君子之风。我无言感动，只想隐在老茶的时光里。

一曲《归去来辞》奏起，恰合当下心性，这让我不得不再次关注到琴者——书院的刘先生。他一直轻笑浅语，是个儒雅的书生，弹起琴来，却见了极其用心处：每一首曲子，其节奏和心性，都带了洞彻的清明。归去来兮，在书院的茶时光里，每一个人都回归了自然、随性的生命本原，这一点，恰是书院的精魂。

“马上就要打春了。”随缘居士轻声提示。诸茶友东方式的愉悦一霎时如杜鹃一样盛开了。春天来了，春水生了，春日暖了，生命的绿、生命的红一天天舒展了。一曲《酒狂》，奏出了人心中恣肆、狂野得如疏梅横斜又如山花烂漫一样的欢欣，这正是初春的生命态势。

随缘一向沉默，此刻他也开了花；青林本来就灿烂，此刻更是烂漫无极。诸多茶友，在书院的茶会上，也次第把自己开成了一朵一朵花。一屋子的花开，一屋子的茶香，一屋子的春天气息。

一个不小心，春天的气息溢到了院子里，流到了汶水边，沿着泰山，沿着孔子，在北国的大地上不疾不徐蔓延开来。

二　咬春

离开书院，我和随缘居士、青林一行来到了泰山脚下的“一葉”茶店。和书院茶社不同的是，这里更多了些人间情味。几人落座，青林拿出一款凤饼，随缘切了几条萝卜，老熟普的陈韵就了青萝卜的甘辛，大家一通顺畅。

晚餐，随缘点了泰安煎饼。立春日，民间素来有咬春的习俗——吃春盘、吃春饼、吃春卷、嚼萝卜，这春日食俗，满满都是人间烟火气。

煎饼权当春饼了，山东章丘的大葱、六必居的甜面酱不能少，还有清炒绿豆芽、韭菜豆干炒鸡蛋，都是适合卷着吃的。最后端上的一盘萝卜拼盘——青萝卜、白萝卜、红萝卜，鲜鲜亮亮得直接入了心。“鲁味春盘春饼哦！”我欢天喜地嚷嚷。

在古代，立春日用蔬菜、水果、饼饵等装盘馈送亲友，称为“春盘”。杜甫《立春》诗曰：“春日春盘细生菜，忽忆两京梅发时。”春盘自晋代就有，那时称“五辛盘”。五辛是指五种辛辣蔬菜（葱、蒜、椒、姜、芥），据说服食可杀菌驱寒。

咬春之俗不能缺失嚼吃萝卜。《燕京岁时记》中云：“是日富家多食春饼，妇女等多买萝卜而食之，曰咬春，谓可以却春困也。”

萝卜古时称芦菔，苏东坡有诗云：“中有芦菔根，尚含晓露清。”旧时人们认为，萝卜根叶皆可生、熟当菜当饭而食。这也是古人提倡在立春时嚼吃萝卜的本来用意吧。北方人多爱吃生萝卜，尤其是心里美和小红萝卜。

去年立春我在北京，晚上去同学家喝茶。她拿出白天买好的心里美萝卜，用水果刀嘎巴一下去顶，仅用几刀旋开萝卜皮，再横竖几刀

白菜萝卜图　齐白石

切成方形条状，整个萝卜就散成一朵盛开的红牡丹，煞是惊艳。我们一边喝着普洱，一边掰开萝卜咬着吃，真是享受。

随缘说："冬春交替时节，吃萝卜再合适不过了。萝卜可以消积滞，防感冒。"萝卜中含有的维生素C可以帮助人消除体内的废物，促进身体的新陈代谢。"你脾虚，萝卜性偏寒，还是要少吃一些。"随缘特别嘱咐我。

随缘介绍，立春咬萝卜，也是因为萝卜味辣，古人有"咬得草根断，则百事可做"一说。所以再穷的人家立春也要买个萝卜给孩子咬咬春。一个"咬"字，因为蕴含丰富，便成了中国人特有的一种风俗。

随缘深爱中华传统文化，不单是食材，他对二十四节气喝茶养生也很有研究。品着茶听他讲美食，不又是一堂中华文化课？

三　春花烂漫是老家

一个不小心，我和文字一起轮回，到了春日，我的文字也复苏了。

很多年前，文字在我的心底，曾经如冬日一样沉寂。我把心事，交付给童话一样的冰雪世界。那些流年的轻叹，封冻成了冰，很少有人能欣赏那份清冷。曾经的繁花似锦，挂在树上，成了雾凇，当太阳升起，又一点一点滴落在无人处。不是无人关注，人们都在忙着生活，无暇顾及绝俗。

干净、轻灵、诗意，如同飘在空中的雪花——有朋友这样评价我的文字；清丽、禅意、佛性，似是槛外人妙玉手中的一杯茶——亦有朋友这样说。"就是说你不着地儿。"爱人哈哈大笑。我有些恼怒，但不得不承认他一语中的。

我的文字，曾经只在一个很小我的精神世界。那个世界，在空中，在云之上，纵是华美绝伦、有凤来仪，不接地气，也鲜有回响。

其实，在坚冰深处，已有春水生，只是我文字的温暖，还不足以让春水涣涣。一位师长告诉我：好的文字，一定是泥土里开出的自在花儿。

一元伊始，冰雪化了，春天来了，我希望我的文字春暖花开。

有温度，有色彩，有活力，能走进人的心里去，这与其说是人们对好的文字的期许，毋宁说是一个写作者的人格魅力；或者说，好的文字，就是作者人格魅力的品级。功夫在文外，那文字外的功力，就是人的修为。所以，归根结底，文字是一场修行。

有什么话说什么话吧，我是自由的、本真的，不用装，不必秀，更不必苛求更多的赞美，我只要真诚。文字的真诚和眼里的真诚，相信别人都能把握得住。

那样，就不必修饰自己，不必打扮好了才和别人的目光相遇。我就要人们在我的文字里看见我的二和些许的智慧，看见我的原生态。而那个原生态的我，一定是鲜活的，是生长的，是越来越美好的。

散文是性情，写散文的人是真性情人：我一直这么认为。真性情人，眼睛是清亮的，笑容是明媚的，活得接地气，精神也健朗，本

梅花白菜　吴昌硕

人和文字，都能给人以积极向上的影响。我最受不了的是一些酸文假醋的写作者，女的嗲，男的娘，或搔首弄姿，或故作清高，好像写了几篇散文，就和正常人不一样了，真是“红肿之处”还以为“艳若桃花”！

这样的人，这样的生命状态，读者怎么敢看他们写的散文？不管他们多么妙笔生花，都不是泥土里开出的自在花儿。

泥土里开出的花儿，一定是合了大道的。泥土的厚重，根系的踏实，阳光的温煦，雨露的润泽，得天时地利，顺应生命的规律，才会开出好的花儿。古人倡导：文以载道。道是什么？道是宇宙运行及化育万物的规律。道不神秘，不玄虚，和日常生活并行。道生生不息，是健康的律动，是生命之间会心的微笑，是人与自然的一份默契。所有的一切，包括散文，都应该在道上。

所以，散文是作者心底泉水的潺潺流动，是清澈的，是活泼的，是生机勃勃的。那条小溪，也许就这么一直潺潺，也许成了千寻瀑布，也许成了汪洋大海，各自有了各自的境界，各自有了各自的气象。做了大家也罢，依然小家也好，源头都在那里。

这也如同春天里的花。春天来了，花儿自然会开。有的开成了野外的一朵蒲公英，有的开成了一园姹紫嫣红的牡丹；有的一枝清瘦，有的满树肥腴；有的寂寞开无主，有的热闹春满园。各自有各自的因缘，但她们的源头，都在春那里。

这个春日，书法好友送我一幅墨宝“观复”。“复”是《易经》里的复卦，天地运行之道，是往复，就像冬天过去了春天又来到。“复”也指个人的修行，是说人要回归自己的内心，复性，自性显现。“观复”，就是在日常生活中找到天人之间的关联。顺天道，修心性，接地气，这当然是最好的修养。只是，我怎么才能在生活里落地？

抬眼间，茶桌上的一枝迎春花已是半开，我的心动了一下，随之生起欢喜。我情不自禁地走近它，欣赏它，想象它华枝春满的样子，

昔年曾见　（清）金农

连自己都勃勃生机了。那枝迎春花，就是一篇好散文啊。明朗、阳光、生机、天然，让人心动，让人喜欢，让人遐想，能把阅读者的精气神儿带动起来，那是多么好的散文啊！我做梦都想成为这样的散文作家。

生在蓝天下，长在田野中，土得掉渣儿，却生机饱满，装得下阳光的温暖和空气的干净，喜欢一切在卑微处开出明媚的花的植物——一棵蒲公英，一串槐花，一朵莲花……于是，在一样的卑微处，经营自己心中的这些花。每一次的花开，都是一朵朵般若；每一次的花谢，都是一颗颗菩提。

我把我的文字，埋在春天里，期待自己的散文和生命，一同开出般若花，一起生出菩提心，那就是我和文字的归处。那个春花烂漫的归处，是我老家。

雨　水

——好雨知时节，当春乃发生

一候，獭祭鱼；二候，鸿雁北；三候，草木萌动。

一　岁月留下素日子

已经雨水了，夜里却零零星星飘起了小雪，清晨，地面上又全无雪的踪影，只余一层潮润。雪和雨的交接仪式，就是这么无声无息。《月令七十二候集解》中说："正月中，天一生水。春始属木，然生木者水也，故立春后继之雨水。且东风既解冻，则散而为雨水矣。"雨水，也是时令中唤醒春日草木的木铎。

嫂子打来电话，问何日归宁。正值春节，回娘家本也是雨水习俗，于是约了三个姊妹，一起回老家。我想念老家年三十晚上的饺子了。

春雨蒙蒙，把回家的喜悦润得带了水汽，一抬眼，见炊烟袅袅，那个从烟囱里飘出柴禾香的小村落，正是我老家。

我提议今年素餐，姐妹们纷纷响应。嫂子炒了满满一大桌子素菜，随之端出了年三十晚上的素饺子——还是嫂子懂我啊。那些饺子，个个周正、秀气，外皮煎了一层焦黄。我顺手拿起一个放进嘴里，好香，是我一直想念的家的味道。

老家有俗语：大年三十吃饺子——没外人儿。可嫁出去的女儿泼

春雨　吴冠中

出去的水，女儿一旦出嫁，就不能在除夕夜吃到娘家的饺子了。为了弥补这份缺憾，节后看出阁的女儿，家家都会捎上一份煎好的饺子。这是几十年前的习俗，如今已经无人拿饺子当回事儿了。可是我念念不忘的，偏偏就是娘家三十晚上的素饺子。

那个时候伴随煎饺子一同看出阁的女儿的，还有一篮子家做的面花——用木花模子刻的鱼、石榴、十二生肖等等，极讲究，很逼真。最俏的是面花上的那个红点，像颗美人痣一样，年节必不可少。篮子一定是用一条新毛巾捂着。讲究的人家，还会多带上两盒槽子糕。女儿婆家自然不会都留下，只是象征性留下几个面花，押回两瓶白酒。但那饺子，是一定要留下的，那可是女儿对娘家的念想儿。

在娘家时，包这顿大年三十的饺子，是比平日里讲究很多的。因为要供天供地供祖先，必须是素馅儿。白菜寓意百财，豆腐代表福气，馃子暗含收获；姜末要多多放，香油亦不能吝啬：很寻常的几样东西一拌和，那味道就是大年三十独具的。平常包饺子再怎么精心，愣是出不来那个年味儿。

包好的饺子在秫秸秆儿做的新盖帘儿上一圈圈摆好，要用烧纸盖一下。三十晚上什么时间煮饺子，一个家族要统一，叫发纸。烧火的都是男人，女主人负责煮饺子。孩子们则早早被赶上大炕的饭桌旁按方向坐好，不许偷看，不许乱说话。一次我隔窗偷着探头，院子里爹正在对着摆了饺子的供桌烧纸磕头，娘轻咳一声，吓得我赶紧缩回头。老人说谁家孩子不听话，煮饺子的时候就会有诡异的事情发生，比如突然一锅饺子莫名消失等等，虽然从没经历过，心里却多了几分敬畏——敬畏天，敬畏地，敬畏时光里的日子。

小城有家餐馆叫“大年三十饺子”，平日里我最喜欢带朋友过去吃饭，且每次都会点一盘过年素饺子。一个一个品，如一杯一杯品茶，总想从里面找到娘家三十晚上饺子的味道，似曾相识，却都不是，只能日日夜夜惦记娘家的年夜饺子。

婆家是小城的外来户，大年三十晚上从不上供，包的饺子就随意多了——白菜肉、韭菜素，都和平时无二，我心里倒是从不惦记着。唯独娘家三十晚上的饺子，惦记了一年又一年，几十年过去了，那印记非但没有疏淡，反而愈来愈浓。

让我惦记了几十年的，还有过年餐桌上的一盘凉拌菜——家常素什锦：白菜斜着切成片，水焯后拌上煮好的茴香豆、粉条子，然后切上细细的姜丝，放上盐、醋、香油一拌即可，特别清淡爽口。试着做过几次，怎么也出不来娘的那个味道。那个年代家里穷，过年才能吃上炖肉，可我从来不惦记，多年来念念不忘的，唯独那盘素淡的凉拌菜。一次在一家饭店似乎找到了那种滋味，但细品又不是，花生米远没有茴香豆滋味好，姜丝也不够精致，醋似乎也不怎么地道。不管怎么寻找，再也找不到娘的味道，这样的时候，格外想娘，想得心疼。

再后来喜欢上了茶，真正悟出了淡之滋味。所有的浓烈繁华只是一盘红烧肉，任是当时多么享受也都会腻掉。唯有一盘素饺子、一碟凉拌菜那样的淡之味，才会在岁月里淡远悠长，余音袅袅。

更何况啊，任是时光流转逝者如斯夫，老家的味道、娘的味道，如一坛陈酿，在日子深处醇厚，愈久愈厚，是永恒的唯一。那个唯一，在大年归宁的素宴上，伴了雨水，一年一年润我无声。

二　慢心事

二十天假日的春节，是天赐的好日子。不用急着起床，也不必梳妆，日子一下子简素了，突然感觉有了大把的时光，可以慵懒，只能从容，不得不悠然。

八点起床，阳光正好，听窗外的鞭炮阵阵，这样的早晨，满世界的喧哗都可以开出盛大的喜欢，只是因为，日子一下子变慢了。

不用忙着做任何事情，心却是格外地落地。不慌不忙，不疾不徐，好像只需要好好守着时光过日子就足够了。打开音乐，是那首《从前慢》，心也优游到了从前。那时候的小炖肉那么香，白菜豆腐粉条那么鲜，稀稀罕罕的水果糖那么甜，对过年的期盼那么欢。一身过年的新衣服，都是一份纯粹的快乐。

那时候，没有那么多的炫目，没有那么多的快闪，一个寻常，也可定格一生；那时候，没有那么多的心机，没有那么多的虚情，一句话语，足够温暖许久；那时候，没有那么多的养生，没有那么多的讲究，粗茶淡饭，孩子们依然白里透红。

至今，那份岁月的印记，如冬日街头一碗冒着热气的豆浆，如小村黄昏的袅袅炊烟，简单而温暖。

一首古琴曲《忘机》响起，我听着音乐，慢条斯理地收拾屋子，清丽的音乐如水一样，从这个房间流淌到那个房间，最终都流回心里。

在琴道几绝的今日，很多人尚不知琴为何物，而在古时候，几乎是家弦户诵。“君子之座，必左琴右书。”《文会堂琴谱》中有古琴“十四宜弹”：

遇知音，逢可人，对道士，处高堂，升楼阁，在宫观，坐石上，登山埠，憩空谷，游水湄，居舟中，息林下，值二气清朗，当清风明月。

如此看来，琴道和茶道，本是一

柳竹抚琴 （清）顾洛

道；琴性和茶性，并无二性。而其源头，都是人心。心物一元，天人合一，人、琴、茶一体，其最高境界，还是一个“和”。

舜帝歌《南风》，孔子吟《猗兰》，甚至陶渊明的“但识琴中趣，何劳弦上声”，歌的无非君子心性。我曾经参加过一个古琴雅集，琴者皆长袍素衣，神态俨然，偶有且弹且歌者，或吟《长相思》，或诵《阳关三叠》，也算声情并茂，却怎么也品不出原来味道。今人之于古人，毕竟失了心性。

琴曲换成了《幽兰》，我给水仙换水，总觉得春节清供，最应时的莫过于这水上仙子了。

花团锦簇只适合快心情，若是屋子里摆满了姹紫嫣红，日子未免过于热闹。而水仙，长长的叶子如兰草，清雅的朵儿似兰心，一盆清水里，也可以开出清丽的花，生命的价值比兰花可是俭素多了。水仙叶子又高了，花莛愈发挺拔了，开了一朵了，次第几朵了，等到花事最盛，我的欢喜也会开到极致。

随后呢，自然是乐极生悲。人在快乐的时候容易沉迷，却偏偏忘记了所有的花开，都是为的等待花败。坐下来，独品老茶，那份岁月的陈韵里似乎有淡淡的失落。我知道，无关乎水仙，无关乎老茶，伤了我的心情的，只是我自己。

阳光淡了下去，窗外有些阴郁，是在酝酿雨水吧。节气里的日子，总是如此应景。春天来了，雨水多了，阳气生发了，跟随着大自然的脚步，慢慢生长，随着陌上花开，徐徐行走，这就是最好的养生吧，也是最好的生活。

心情一下子明丽了，穿衣，去公园散步，捡拾了两个带着苞蕾的枝子，回到家随手插在两个花瓶里，一枝放茶房，一枝放卧室，一心期待清瘦里花开。

人的一生，也是一枝花，亦是一杯茶。不管丰腴还是清瘦，总会有一场烂漫的花事，也终会淡如一杯茶，只在漫漫红尘留下一声声轻叹和一阵阵欢语。

这就是日子。

三　随缘是一场缘

我和随缘居士的相逢，说起来很有意思。

一段时间，全国近乎疯狂地掀起茶文化热，比一杯茶还要热。随之，各色茶人也应运而生，如我一样喜欢茶的人真有些无所适从。茶文化本身当然没有问题，可一旦成了茶人利和欲的工具，便很无辜地变了味道。

在小城的一次茶会上，当大家围坐在一个所谓的茶人身边听他侃侃而谈时，旁边的茶席上却有一个很不起眼的人默默地泡茶，那份专注，不亚于钱锺书在书房做学问。我首先被吸引，默默坐在了他的茶席上；随之，更多的人默默坐在了他的茶席上，没有人说话，一味安静品茶。一个茶会，他只说了一句话：用最简单的方式，专心泡一杯最干净的茶，就是最好的茶文化。他就是随缘。

遇见，不过是久别重逢。这就是我和随缘的缘分。日后，是无数次的遇见，也是一次又一次的久别重逢。

随缘还真不是个随和人，他少语，一口浓重的方言，遇见不对路的人眼皮也不会抬一下，虽是一介平民，却天天活得忧国忧民。但他心性纯粹，做人有良知，有情怀，

策杖访友　张大千

是一个肯担当的男人。这样的人，我敬佩。

随缘敬佩的茶人是周渝老先生。他说先生才是中国茶文化的代言人。雨水时节，恰好周渝老先生在成都，随缘和青林便前去造访了。

周渝老先生，是茶界的传奇人物。作家李敖在周渝先生五十岁生日时曾这样挖苦他："你本可以雄心大志做番事业的，结果紫藤庐的收入，使你安做小富翁了，你误了一个天才洋溢的周渝。"先生不以为意，依然很友善地称李敖"李哥"。李敖和周渝，一个是烈酒，一个是老茶，各有各的缘分，也各得其所。

先生的父亲，给他留下老宅"尊德性斋"，先生改造成综合了生活、艺术和文化的茶馆"紫藤庐"，这个简朴而温馨的所在，聚合了各行各业的友人，成了台湾的文化坐标。台湾那些十年没涨工资的大学教授，还有那些文化界、艺术界不懂茶的人，周渝先生都会提供他们几十年的老茶喝。先生认为"中国百年来的问题太复杂，只有文学和艺术稍稍能解决一些"。作家龙应台说："台湾有五十五家星巴克，却只有一个紫藤庐。"其文化意义可见一斑。大陆的茶人，去台湾时，大都会拜访一下紫藤庐，这个简朴至极却门庭若市的所在，说到底还是人的魅力、文化的魅力。

正所谓"同声相应，同气相求"，同样喜欢收藏老茶的随缘居士一直和周渝老先生神会，他希望自己的"一葉"茶店，能吸纳紫藤庐的神髓。正值雨水，因缘和合，能和周渝先生会晤，当面聆听先生讲老茶和生活美学，感受先生"正、静、清、圆"的茶道境界，这样的善缘，随缘当然不会错过。

随缘说周渝先生给他们喝的第二泡茶，是20世纪60年代易武地区嫩芽卖掉后，农家自己留着煮着喝的老黄片，喝起来有浓浓的土味，先生叫她"昊天厚土"。周渝先生说，老茶能让人站在一个高度上，超越沧桑，产生悲悯心。随缘向我转述老先生这句话时，眼里有雾气。

那雾气很人文，如春日雨水一样，润物细无声。

惊　蛰

——烟雨湿阑干，杏花惊蛰寒

一候，桃始华；二候，鸧鹒鸣；三候，鹰化为鸠。

一　唤醒

虽是惊蛰，仍然春寒料峭，午后无事，犯了春困，便躺下小憩。

正迷迷糊糊，隐隐有敲门声，打开门，原来是做企业的朋友夫妻。夫妻二人穿着休闲鞋，捂着羽绒服，手里还提着一袋素什锦、一袋雪花梨，见我睡眼惺忪的样子，打趣道："都惊蛰了，你还冬眠啊？"我笑着，一边调侃他们穿得像北极熊，一边把二人迎到客厅的沙发上。

朋友一向语锋尖利不饶人，厚厚的羽绒服刚脱到半截，立马回击我："春捂秋冻啊。春生时节，人的毛孔也打开了，这个时候不知道心疼自己，最容易感冒了。像曹某人一样从冬咳嗽到春，傻子才这样呢。"我知道她说的是春季养生之要，就诺诺接过雪花梨，洗梨去了。

惊蛰吃梨，是民间习俗。惊蛰日，天气回暖，春雷始鸣，惊醒了蛰伏于地下冬眠的昆虫，各种病菌也开始活跃，这期间人体容易外感咳嗽、口干舌燥。而梨性微寒且甘润，能生津清热、润肺止咳、消食

除滞。惊蛰吃梨，恰好是顺应自然之道。

朋友是美食专家，对节令饮食如数家珍，她带来的素什锦，一定也有讲究。我端上洗好的梨，一人分了一只。边吃梨，我边问起素什锦的养生内涵。

“当然是为了清淡啊。”朋友说。“是因为春节刚过，大鱼大肉吃多了，换个清淡口味吗？”我问。“主要是因为惊蛰节令期间，饮食宜清淡。多补充维生素，才会增强身体抵抗能力。这也就是《黄帝内经》中说的‘正气存内，邪不可干’。”朋友侃侃而谈。

我在朋友家吃过她拌的素什锦，那叫一个讲究。食材一定都是新鲜的——藕、菜花、芹菜、荷兰豆、银耳、黑木耳、花生豆，一拌就是一大盆，五颜六色的，新鲜可人。吃的时候收上一大盘，盐少许，香油几点儿，一会儿盘子便见了底儿。朋友最喜欢与人乐乐，东家一袋子，西家一袋子，一大盆子素什锦很快也见了底儿。

我惦记着朋友带来的素什锦，一只梨没吃完便塞到朋友手里。朋友一点儿也不介意，大口大口接着啃，她爱人一把抢过去，三下五除二干掉了。朋友瞪眼，她爱人笑着解释：“两人不分梨（离）。”我笑，眼睛有些热。

朋友夫妻要离开了。她一边换鞋，一边回头嘱咐我：“春天了，

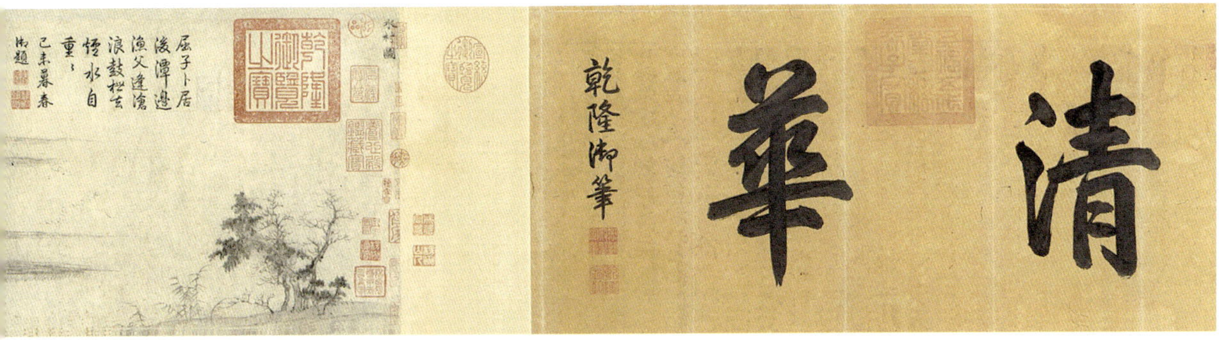

水村图卷　（元）赵孟頫

多出去走走啊。”我笑她婆婆妈妈，她起身正色道：“春三月，此谓发陈，天地俱生，万物以荣；夜卧早起，广步于庭，被发缓形，以使志生；生而勿杀，予而勿夺，赏而勿罚，此春气之应，养生之道也。”《黄帝内经》的素问篇，她都能背下，我服气。

朋友离开后，我也找出我的墨绿休闲装，春日，东方木主生发，对应青色，顺应时令，这个惊蛰日，我被春天和友情唤醒了。

二　有朋远方来

书院要在惊蛰日开“春悦”茶会，我的心如春归的鸟儿，一下子栖在了书院茶社窗外的老梅枝上了。

记得去岁惊蛰日，我身体小恙，随缘和青林说来小城看我，我高兴得不得了。

一大早醒了，我先去公园遛弯儿。春水涣涣，柳枝婀娜，三五小鸟在岸边含苞的桃花枝头颤动着清唱，枝头苞蕾悄悄在绽放。

随手折一枝桃花，回家插入青花莲子瓶。惊蛰时节，一候桃始华，今日有友自远方来，正好应个景。茶是不用我准备的，那些养生好茶，随缘走到哪里带到哪里。

桐荫品茗　（清）佚名

午时，随缘到了，一起简餐，喝着小米粥，他们吃我们当地的面花，我吃他们带过来的山东煎饼，简单而有味，如彼此的心。

饭毕小憩，随缘整理我的那些紫砂壶，壶嘴方向和谐一致，说是过日子免得犯口角。我乐，得寸进尺让他帮我整理茶案。这对他和小徒青林可是小菜儿。一会儿工夫，茶案上那些小点缀都隐去了，长条蓝纹粗布做底色，上面放了手工苇帘，苇帘上是四块手工缝制的蓝布杯垫，分别绣了“羊”“吉”“福”“和”四个字，茶席一侧放了一个老碗，碗侧盘曲了一枝绿萝藤蔓，水面撒了几枚茶花花瓣儿，水底沉着几粒莲子。朋友拿出我的那套汝窑茶具随意一摆，古朴、厚重的感觉一下子都出来了。

“简单、古朴、厚重，我发现你随时都在晾晒你的审美理念哦。”我欢喜地嚷嚷。随缘话少，只是乐。

三人坐下喝茶，随缘拿出了十五年的老水仙，这个调子定得有点高，今天的小茶会有料了。青林泡茶，小妮子越来越随师父，泡茶时回到自己的内心，只和茶在一起，那个专注的神情，最是迷人。水仙出汤了，香、甘、清、活，老岩茶的感觉很完美。我尤其迷恋水仙的香气，十五年的岁月，那香气早已经沉了下来，被茶汤裹挟住，缓缓下沉，气沉丹田，仿佛在人体内植下了香的种子——我又向往武夷山了。

第二泡茶，是三十年的老班章，随缘命名为“布朗之巅”，单从名字就可以掂出老茶分量。青林出汤了，我不急着喝，专心闻香，陈韵、药香、参香具足，入口干净、清冽，满嘴犹如泉水涌动，两杯下肚，我的后背已是微汗。好茶就是一个智慧老人，你只管简简单单喝，她管保能让你通透、欢喜。

喝茶，聊天，和朋友在一起的时光都是快乐的。“你做茶藏茶的核心理念是什么？”我问朋友。他总有好茶，几乎不失手，我有些奇怪。“干净。”朋友很认真地回答，“一泡干净的茶，比一泡好喝的茶重要多了。”这句话的分量，让我掂了又掂。

一颗干净的心，才能找到一款干净的茶，当下，莫说人心，就连空气都雾霾了，干净，该是多么奢侈的追求啊。

但是，只要人心是干净的，那个干净的世界，终会如朋友手里的茶，亦如桃始华。

三　春悦

和随缘一起喝茶，不论时空，随处都是书院的气息。也难怪啊，书院在心，哪里不是文化道场呢？

但我还是时时惦记着汶水边那座书院。书院主事任兄也说：我每天一醒来，最挂念的就是书院，也算是“才下眉头，却上心头”了。那些青砖老瓦，那些紫藤老树，书院茶社，东书房，还有书院的每一缕气息，在任兄的心底抚摸了一次又一次。他的内心一定也有很多的叹息，但我们看见的，永远是他干净、温暖的笑容。

让古典走入现代，让文化融进生活，让传统和时代一起呼吸。这是书院的宣言。宣言不是口号，通过文化体验引领大家把身心融入书

竹溪六逸图　（清）金廷标

院，融入文化，在自然的呼吸中传承，才是人间正道。诸如一次一次的茶会，品一杯干净的茶，提升生命的品质，感悟茶背后的文化内涵，在和茶的对话中完成和大自然“天人合一”的交流，在安宁、轻松中享受生之喜悦。

每一个走进书院的人，都会在这里觅得一份清凉，尘世的燥热一扫而净，只有一颗清静心。可一旦走出书院，瞬间便融进了滚滚红尘，心也浮躁起来。一次次的文化体验，就是一次一次的心灵荡涤，当一个人真正悟得护持好一颗清静、圆满的心，才是生命根本，凡事不外求了，内求的清明，即使在闹市，也会化为宁静和清凉。

做人，养德，人人成为一个阳光、正直、勇于担当的人，是书院文化活动的终极目标。为了这个目标的大圆满，书院需要成长，书院人需要成长，如此，每一个来到书院的人才会成长。成长，是一个多么生机饱满的生命态势啊！如春之苞蕾初绽，如桃华吐芳，如田园的一片绿色，如满山野的青葱和浅粉，多么让人神往。

夜宿泰山脚下，等待明日和随缘、青林一起去书院参加惊蛰茶会。深夜听得一声春雷。俗语说“春雷响，万物长”。我莫名激动，披衣临窗，对东岳山麓，想起了杜甫《望岳》中“会当凌绝顶，一览众山小”的诗句。期盼书院的明天，亦如斯。

惊蛰茶会的主题定为“春悦”，这当然是随缘的慧心。

从泰安去书院，还有一百多华里，一路上，麦田已经润润地泛绿，远方的老柳也是淡淡的一团鹅黄。惊蛰了，田野里的小虫们该醒了，人沉寂了一冬的心也活了。人活的就是精气神儿，日子过的就是生机，蔫头吧唧一片沉闷有啥意思?

临近小城，旁边村落有鼓点声声。乡间平素的日子一直是安静的，家家户户安安稳稳过着自己的日子，锣鼓声几乎听不见，一定是哪家有了喜事了。想想每年春节，村子里锣鼓喧天，酣畅淋漓，热情爆发了，日子沸腾了，任你是大款还是高官，回到村里，一下子就会被点燃，或挥起鼓槌儿，或拿起家伙，或敲起铜锣，咚咚咚，咣里个咣，一通大合奏，潜藏在内心深处的生机一下子就勃勃了。

我是个文人，喜欢独处，喜欢安静，排斥一切喧腾，唯独这锣鼓声，不论在哪里听到，都会在心底开出欢喜的花。

这朵花，就叫启蛰花。

春　分

——春分雨脚落声微，柳岸斜风带客归

一候，元鸟至；二候，雷乃发声；三候，始电。

一　唤归

《月令七十二候集解》这样说春分：“二月中。分者，半也，此当九十日之半，故谓之分。秋同义。”春日过去一半了，北方的春分时节，春天却刚刚开始。

一树一树的花开，伴了又一树一树的花开，嫩黄、素白、浅粉、玫红……次第登场。我挂牵了一冬的麦蒿、荠菜，也陪着绿油油的麦苗长起来了。

前日，老家的发小儿送来了焯好的麦蒿和鲜嫩的垄沟葱，麦蒿包了素馅儿饺子，垄沟葱蘸了另一个发小儿自己做的陈年黑豆酱。明日，将回老家偕同诸多发小儿一起去强哥家小聚。除了大灶铁锅炖鱼贴饼子，我早就提前点好了麻酱拌菠菜——麻酱是村子里做的，菠菜是旷野长的。春分有吃春菜的习俗，我把这些和春天一起苏醒的菜，都叫春菜。

日子清简下来，我越来越喜欢回老家了。那个生命的原点，有生养我的土地，有我的亲人，有一同长大的小伙伴们。我们有共同的记

柴门送客图 （明）周臣

忆，有一样的乡愁，还有愈老愈觉得珍贵的一种情怀，这种情怀叫“陪你一起长大”。在生命的原点，留住的还有真诚、素朴、踏实、无忧。

在强哥家的小聚，让我过足了怀旧的瘾。老家的桃红柳绿也是极为朴实的，人们似乎也并不惊喜，依然很安稳地过着自己的小日子。强哥的家后就是绿油油的麦田。门前宽敞，也很干净，几树杏花正在阳光下怒放。院子是普通的农家小院，饭菜是平常的农家饭菜，酒是绝对不能少喝的。微醺中，我一个人悄悄走出小院，午后的阳光暖得醉人，村子好安静，是村静日长的感觉，我一个人倚着一棵开花的树，看花团锦簇，听蜜蜂热闹，嗅甜美花香，突然很想落泪，真想就这样地久天长。

随缘和青林去云南茶山看茶了，那是他们的生命原点。作为茶人，在圈子里蹚了一遭，见过了太多的泡沫，他们觉得只有原生态的茶最能说话，只有原始的山林最能说话。在每一个春天，每一个春分，他们都会倦鸟归林一样回到自然中。那个原点，留住了干净、生机，也留住了生态和良知。

当然了，书院的主事任兄，更是回到了生命的原点。带着一种使命感，他重修书院，在这个身体和灵魂、物质和精神分离的今天，他要为生活在喧腾中的人们找一条回家的路，这条路就是中华传统文化。书院，盛放的就是他这样的文化情怀。

回归自然，回归传统，回归婴儿……回归，是这个时代最微弱也最迫切的呐喊。

一片茶叶，春日从母体中孕育出来，当它伸展的那一刻，阳光、山岚、鸟鸣、溪流，山野的一片生机都来陪伴它，当这样的生之喜悦，在一杯茶中传递给人，谁不想回归？一杯茶的意义，就在于让人随时随地都能回归。

在泰安和泰山学院的朱丽丽老师闲谈，她说起青林参加的一次泰山“无我”茶会。参与者自然多，人在自然，但大多人的心是和大自然隔离的，无我茶会却处处有我在。只有青林，专注于泡茶，此刻，她只和茶在，和心在，和自然在，全然没有感觉出她的身边已经围满了人。大家都说青林泡的茶最好喝，原因很简单：她在泡茶的时候回归了。

一次小聚，大家讨论喝茶时心在哪里，我说当然在茶啊，专心喝茶，才是不辜负。随缘说心在山林。回归茶和回归山林，境界自然不一样，我也向往。

二 寻觅茶魂

进了山林的随缘，就是回归了自然的鸟儿，与原始森林的老茶树相伴的日子，是他生命中最快乐的时光。

最近几年，随缘却越来越忧虑了。生态的破坏，茶价的失衡，良知的倾斜，让他和茶山产生了一种很纠结的情怀：去，总会有很多莫名的痛；不去，那份深层的挂念无处安放。每年从茶山回来，他都会深深叹息：明年再也不去了。到了第二年，却总是抗拒不了茶山的呼唤，候鸟一样又回归了。

他实在放不下那些老茶树。那一年一年在原始森林的春天滋长的一片片树叶子，是他舒展开了的心。同样让他放不下的，还有原始森林里的少数民族朋友。其中之一，就是景迈山芒景村布朗族最后一位头人的儿子、教师出身的苏国文。随缘拜访苏国文，源于对这位传承布朗文化的云南人的景仰。1988年，苏国文的父亲去世前，对他提了三个要求：修建一所学校；整理布朗族的文字；建造一座茶祖庙。这三件事，做好任何一件，都是对文化的莫大贡献，而苏国文全部完成了。

我是在中央电视台的大型纪录片《茶——一片树叶的故事》第一集里认识苏国文的，随后听随缘说他和七十六岁的苏国文的相逢，那个机缘就有些传奇了。他们四目相对的那一刻，在苏国文的心中，随缘和任何一位进山觅茶的茶人无二。接下来发生的一件事，则让随缘的分量大不同了。苏国文的一个近亲得了败血症，急需治疗，苏国文想迅速把当年做的新茶出手，随缘调动了他全国所有的人脉资源，帮助苏国文。据说茶叶出手的情况不尽如人意，但苏国文和随缘却从此成了忘年交。

每年的四月中旬，芒景村都会在山上的帕哎冷寺举行隆重的茶祖节庆典，这是布朗族最盛大的节日庆典。布朗族的祖先帕哎冷，在一千八百多年前，带领族人大量种植茶树，并在死后留下遗训："我要给你们留下牛马，怕遇到灾难死掉；要给你们留下金银财宝，也怕你们吃光用光；给你们留下茶树吧，这样子孙后代才取不完用不尽。"茶祖节，就是布朗族人祭拜帕哎冷的节日。

"我给你做一面鼓吧！"苏国文一脸真诚地对随缘说。一向内敛的随缘一下子激动了。他知道，布朗族这种在茶祖节擂响的鼓，是苏国文送给他的一份大心意。我见过挎着鼓的随缘和苏国文的合影，那面鼓，随缘最终还是放在了帕哎冷寺珍藏，那个带着神的意旨的宝

春夜宴桃李园图　（明）姚允在

物，他不会轻易示人。

在小城的一次茶会上，随缘起泡的第一道茶，就是苏国文送他的“茶魂”。

每年布朗族人祭茶祖时，全村男女老少都会着节日盛装，前往古茶山祭拜茶魂。祭拜茶魂的地方位于古茶山的深处，一片广袤的原始森林，高大的树木遮天蔽日，和原始森林相生相伴的是成片成林的古茶树。

在景迈山布朗族，每家茶农的茶林里，都有一棵高大的茶魂树。布朗族人有一个习惯，每开辟一片茶林，栽种下的第一棵树，就是茶魂树。茶魂树的树干上，捆绑着用竹篾编成的小篓子，用来盛放祭祀品。每年采摘茶魂树上的叶子时，布朗族人都要先祭拜茶祖，供奉茶神。茶魂的采摘也很讲究，只有家中的年长者才有资格采摘，而且采摘前要斋戒、沐浴、更衣，然后跪拜在茶树下，献上泡好的茶和饭菜，点上蜡条诵经，诵经毕方可上树采茶。

一直到今天，布朗族人依然深信，在茶魂的身上有着人和神的灵性。所以茶祖节，他们会呼唤茶魂，祭拜茶灵，祈求茶祖护佑吉祥如意。随缘手里的这泡“茶魂”，承载了一个民族很古老也最干净的信念，入口的感觉自然不同——除了山野的气息、花果的甜香，还有阳光的味道、山鸟的清鸣，更有一个民族的文化和灵魂。

日后每每品“茶魂”，都会见随缘眼神迷离，他的神思，一定回到了云南原始森林深处帕哎冷寺茶祖节的鼓点声中。

三　山中日月长

和随缘一同入山的弟子青林，侍茶时总是一副很乖巧的专注样子，之余，她是一个极活泼、特好玩儿的小妮子，尤其是她对美食的钟爱，丝毫不亚于茶。这个欢天喜地的小吃货，到了云之南，更是一路的欢天喜地。

一碗红糖丸子酿，原始森林里两年的老崖蜜，茶王树的茶叶炒土鸡蛋，勐海的凉粉和山楂酱……都能带给她无上的欢欣。云南的茶山，自然是如诗如画，但也极为艰苦。因为热爱，青林的眼里就只剩下了如诗如画。那个在古老的织布机上不紧不慢穿梭的彝族老人，茶山路上不绝如缕的鸟鸣和一树一树的花开，穿行在云雾缭绕的原始森林里不经意邂逅的阳光，都成了她心底的诗、眼里的画。

茶山之旅，她的茶缘也处处开花。苏国文是年年都会见面的，夜上景迈，一路走来，她只用身体的感觉和嗅觉感受茶的生态之美，用心体味苏国文说的“人要遵循自然，尊重自然，才会得到护佑”。喝上一泡苏国文的土罐烤茶，听这个布朗族的文化传承者讲当地土罐烤茶的习俗，当炭烤过的生普洱飘出了兰花一般的香气，把滚开的水注入水罐，只听刺啦一声，热气氤氲，茶香弥漫，苏国文说这就是“吞云吐雾”的来历，青林说这样喝茶人人都会上瘾的。

当然了，在易武古镇的老街上，寻一家老字号，听茶马古道的传说，喝20世纪80年代易武老叶子，又是一种沉醉。老叶子入口，汤感几乎没

仕女 （清） 顾洛

有，茶气却很突出，如此感受岁月悠悠，感受沧桑后的平和，青林说从此她明白了什么是山静日长。

当我在北国的小城向云之南递上春分的问候时，随缘和青林，正在用古法亲手炒制云南滇红。叶子当然是选自然生态最好的山场，完全沿用古老的红茶工艺，熬上一个通宵也是一定了。做茶的过程，就是静候孩子诞生的过程，片刻不能眨眼，心里充满了欢喜和期待。等到一杯茶入口时，没有薯香，茶汤中绽放着幽兰香，真是饱满又温暖。这款古树红茶，青林叫她“净”。

当青林再坐到书院的茶社传递茶文化的时候，茶山的这些体验，就成为她整个生命的大背景了。无须精心准备什么，当青林和山林联结的那一刻，茶山所有美妙的气息，会源源不断地涌上来。用体验带动体验，用传承引领传承，这就是书院文化的意义。

山川灵气，不钟于人即钟于物。吸纳了天地精灵之气的茶，干净至极，又包容至极。但是人往往会因为自己的喜欢，无辜诟病其他，由喜爱走向极端，进入执着，这样就偏离了茶的本性。一杯茶，折射的就是一个世界。良知、慈悲、包容，都可以在茶汤里洞见。人心的归向，如明朗、温暖的春日阳光，才是安稳处。

书院的紫丁香开了，海棠花马上也要开了。我的小城，花事正浓。清早出门，零星飘散了几滴小雨，快到清明了，云之南的随缘和青林要回来了吧。

清　明

——梨花风起正清明，游子寻春半出城

一候，桐始华；二候，田鼠化为鴽；三候，虹始见。

一　他从山中来

随缘回来了。与他一起回来的，还有一个清了心洗了尘的欢喜自在的他。茶山行，对他而言本来也是一次一次的修行。“净”这一款古树红茶，是他修得的一粒菩提子。

净，是一切的源头。这个世界，到处充斥着污浊，所以人人都渴望着干净。一次我问随缘：一款好茶的最基本的标准是什么？他说是干净。何为干净？自然的原生态的就是干净的。就当下而言，这又是一个最高的标准了。此事关乎人心，人心干净了，一切才会干净。汶水的源头，汶源书院，就是这么一个干净的所在。茶山，是另一座书院；书院，是另一座茶山。带着沉重走进，带着轻松离开，生命需要随时做做减法，减去了负累、冗赘，剩下的就是干净。

清明，也是一个干净的时节。西汉时期的《淮南子·天文训》中说：“春分后十五日，斗指乙，则清明风至。”清明风，就是清爽明净之风。《岁时百问》说：“万物生长此时，皆清洁而明净。故谓之清明。”这是一个多么美好的节令！老柳的鹅黄已成团绿，和风煦

采菊图 张大千

暖，天朗地宁，花事一树一树明媚，又一地一地如散落了的心事。书院的春天，也在清明的天气里灿烂。紫丁香开了，海棠花开了，二月兰开了，随后，当然还有很多的花开。那一树树明媚、热闹，和安静、古朴的书院相得益彰，是生机里的厚重，也是厚重里的生机。

此时，坐在书院茶室喝茶的青林还是欢天喜地的。她独自一人，泡了桂花，心暖暖的，脸红红的。茶室外，处处有花她闻不到香；茶室内，没有花开，却是一屋子桂花香。春天的香，是女人的舒心丸，她就一个人沉浸在欢喜中喜不自禁。

除了古树红茶“净”，随缘从云南带回的还有一款茶——菊林旧隐，单单是这个名字，就让人玩味不已。

菊林旧隐，本是泰山普照寺内冯玉祥三次隐居的小院的匾额，用它为一款茶命名，真是妙极。茶是用十年的大叶种古树普洱茶和书院菊花混合压制而成的。乌黑的陈年普洱间，杂以金黄色的菊花瓣，颜色的对比度鲜明至极，容易让人想起《易经》里的“枯木生华”。喝上一杯，普洱的厚重和菊花的清扬，极为饱满地调和在一起，让人真想就此隐在菊林里。

喝茶的随缘和书院主事任总，喜滋滋商议，待到普照寺的两棵高大的银杏树挂满金黄，选一个有风的秋日，看树叶簌簌，就在那一地金黄里，在“菊林旧隐”的匾额前，设一茶席，三五好友小聚，品同样名字的一款茶，就让寺内的那棵六朝古松做插花。巍巍泰山，悠悠书院，当菊花遇见了普洱，不过是三生石上的又一段好缘分。多么好！

二　希言自然

我带了一饼随缘送我的十年普洱“希言”去找姐姐。

随缘的老茶，每一款都有一个极好的名字。“希言自然”是《道德经》里的一句话。少说话，才合乎自然大道，道法自然。随缘就是希言，他说一句是一句，然后就是做事。所以即使方言浓重，他的话我也能听懂。偶尔听不懂，就看他做事，也就懂了。书院也是希言，所以只做文化传承、体验。书院主事任兄，当然也是希言，不管耳边有多少风声，他只是一心清明，安然于做事。

我也是希言的——喝茶，看书，写作，我喜欢安安静静做自己喜欢的事儿。《论语》中有“君子欲讷于言而敏于行”，有“天何言哉？四时行焉，百物生焉，天何言哉”。所以，我对那些一样希言，只是踏踏实实做事的人，一向是爱之敬之有加。英明姐姐就是一个这样的人，我像爱希言一样地爱她。

姐姐的办公室很宽敞，也很温暖。向阳的窗台下，有几盆花，姐姐正在一盆扶桑牡丹前守着一朵盛开的花神伤。这盆花是姐姐去世的娘留给她的，清明了，她又想娘了。

姐姐的娘留下的扶桑牡丹，一年四季都在开放，虽然无香，但开得明丽，我说那是老人平常却明亮的生命在延续。每开一朵花，姐姐都会把自己的脸贴在盛开的花上，她说那是娘的脸。娘活着时，每次上班前，姐姐都会这样亲亲娘的脸。娘走了，花是娘的灵，为姐姐解语。

姐姐的娘，善良、包容、仁厚，一生慈悲得像佛。老人去世时，有很多和姐姐家族并不相干的人，都来灵前相送。每次提到娘，姐姐都会泪眼潸潸，她说没有做够娘的女儿。姐姐也是善良、包容、仁厚、慈悲的，在小城，她德高望重，无人不喜欢她。这就是传承，是家风。

清明习俗扫墓，也是为的传承。在这个惠风和畅的春日，回到老家祖坟，寻生命的根，觅先人的魂，便会很清醒地知道自己从何处来到何处去。从何处来？从祖先的血脉中来，从家族的声望中来，从亲人的美德中来。往何处去？往后人的血脉中去，往家族的声望中去，往自己的美德中去。亲人坟前一炷香，是在提醒你我：不能苟且，不敢苟且，有朝一日我们的子孙来上坟，要让他们有得追

翠袖倚竹图　张大千

春山清话图 黄宾虹

怀。所以《论语》才说："慎终追远，民德归厚矣。"

清明节，老家的老柳日浓，老家的麦田日绿，老家的杏花日谢，桃花、梨花日开，远方的人们都回来了。我们姐妹也相约回老家上坟。给娘上完坟，守着老爹拉家常，睡在老家的热炕头上，三点醒来，数着窗外的星星，和姐姐拉话，一直到东方鱼白，一直到旭日渐升。

这个洁齐、明净的清明日子，家族在延续，亲情在联结，人人心底的孝悌被唤醒，这就是中华文化。

三　日子处处皆文化

清明节的民间习俗，父母俱在的女孩子是不上坟的。从茶山回来的随缘居士，给母亲上坟的时候，却特意带上了三个女儿。不管是茶还是人，生命的归宿都是泥土。《易经》坤卦"地势坤，君子以厚德载物"，赋予了女性大地一样的坤德，随缘说母亲就是大地，复归于泥土就是生命归根。他希望自己的女儿，能在清明节扫墓中，明白自己生命的位置和最后归宿。孩子尚小，不会真正明白，随缘也不急，他相信孩子终会明白，因为那是根之所在。

清明节后，三月三的上巳节，又是踏青的好日子。《兰亭集序》中“暮春之初，会于会稽山阴之兰亭，修禊事也”那样“曲水流觞”的风雅，早已古风不存；《论语》中曾点“暮春者，春服既成，冠者五六人，童子六七人，浴乎沂，风乎舞雩，咏而归”的志向，今人也不可复制。但是荠菜煮蛋还是要吃的，桃花酒也是要喝的。这是我和几个发小儿的约定。

有童年，有发小儿；有回得去的童年，有永远长不大的发小儿，这是我们这一代人最大的幸福。那些发小儿，不论身在哪个位置，心底的那份素朴和童真，总会在聚合时瞬间唤醒。心无芥蒂，童言无忌，大笑，乱叫，任世风日下，我们在一个很小的空间里，留住了一方净土。

上巳节的聚会，我选在了大姐乡下刚整修的老房子。平房，大炕，老枣树，大锅炖鱼贴饼子，野菜蘸黑酱，邻居马婶子送来了一摞大锅摊的鸡蛋饼，我们用衡水老白干泡沿途采摘的桃花瓣儿，一会儿工夫，人人脸上都盛开了桃花。

细心的发小儿，还用开了花的大棵老荠菜，煮了九个土鸡蛋。她把老荠菜、土鸡蛋用小火炖上一小时，然后取出鸡蛋磕上几个裂纹，放锅里接着煮，照例不能放盐，等荠菜味儿具足，一人一个分而食之，蛋里都是荠菜的清香。民间有“春食荠菜赛仙丹”一说，荠菜嫩时，凉拌，蘸酱，做素馅儿饺子，都是美味。荠菜当下已经老了，煮鸡蛋正够味儿，吃了可以祛风湿，清相火，还可以预防春瘟呢。

这些一代一代流传下来的节令习俗，都是寻常日子里的文化。

书院的白海棠和紫丁香都开了，那株老紫藤架也发了芽，接下来又是一个紫藤花的盛典，踏青寻幽的人也会越来越多。我和书院相隔几百里，在随缘的每一款茶事里，我都会向友人提及书院。好友无不艳羡，随之感叹：“书院要是近点就好了。”其实，书院只是一个文化符号，有院落也好，无建筑也罢，不管素朴还是典雅，那些无声无息散落在日子里的暖意，都是书院文化。

我乡下的老屋子也是一个书院啊。发小儿小聚，复归于婴儿，温记忆，吃习俗，喝随缘居士十五年的老茶“大化如画”，哪里不是文化？

谷　雨

——雨频霜断气清和，柳绿茶香燕弄梭

一候，萍始生；二候，鸣鸠拂其羽；三候，戴胜降于桑。

一　在乡下

民谚云：谷雨前后，种瓜点豆。

谷雨前，下了一场好雨，我带上几样菜蔬种子，去了乡下的老屋子。老槐树下，那块荒疏了的小菜园，在等我播种。苦荁、生菜、小红萝卜、秋葵，每样种一小片。园圃旁边那些野生的蒲公英，灿烂了一个小院。

回屋，烧炕，躺在热炕头上看书，心里格外踏实。是夜，雷声阵阵，又是一场好雨，躺在土炕上，听雨点打在地面上噼里啪啦的声音，有一份久违的欣喜。在小城的楼上，那淅沥的雨声再诗意，似乎也不如落在平房小院更接地气。一夜无梦，清晨一睁眼，木窗外的老枣树上，有两只麻雀，正在唱着俗世的欢歌。起床，去田野，呼吸几口新鲜的空气。

在乡下，生活是和大地连成一片的。走出村子，就是田野。越过一片枣树林，就是无垠的麦田。谷雨的老枣树，刚刚从粗粝的树枝上绽出嫩绿的小芽头，麦苗尚在拔节，乡间小路上开满了紫色的黄色的

北国春　吴冠中

粉色的小花。田野好静啊，静得只有麦苗的清香和小鸟的清鸣，远处村庄里的鸡鸣狗吠，反而成了大自然很生活化的背景。

还没回村，那些发小儿们就发来讯息，中午他们要来老屋小聚。我当然喜不自胜，老屋里如果缺少了发小儿们无拘的笑声，无异于这片土地上缺少了那些老枣树，都是不可或缺的我熟悉的朴素而甜美的气息。

这样的聚会，吃当然不是主题，喝酒也不过如儿时游戏，可以认真，可以赖皮，喝多了高兴，喝少了也高兴。大家从各个邻村聚过来，也像小时候哪村放电影了，邻村发小儿都会搬着小板凳聚过去一样。老邻居马婶子照样又在大锅里摊了鸡蛋饼送过来，大家卷了黑酱、小葱，个个吃得香甜。我说喜欢吃老家的黑酱，一个哥哥说芒种时节他种黑豆，一个姐姐说来年二月她做新酱，你说这是多么好。

谷雨节有食香椿的习俗——“雨前香椿嫩如丝”，今日小聚，少了一道香椿拌豆腐，他日一定补上。

饭后喝茶啊，煮随缘送的十五年的老茶和牛栏坑肉桂老黄片，老味道，老感觉，静静品，细细咽，都是安暖。人散后，我一个人躺在热乎乎的大炕上，午后的阳光从镶木玻璃窗子斜射进来，全身暖洋洋的，看窗外的老枣树，苍老和生机，粗粝和嫩绿，沧桑和温暖，是如此和谐在乡居的日子里，眼睛温热，突然很想落泪。

此时，留在土炕上的记忆，那些成长的点点滴滴，都像半夜醒来窗前一直陪伴着的星星月亮一样清晰。

二　谷雨茶会

楼下紫藤的花事，像女孩子撞破了的心事，一股脑儿一串串儿稀里哗啦全开了，热烈而含蓄，这让我又惦着书院的那株老紫藤了。正好青林来讯说书院有一个谷雨茶会，我便欣然前往了。

茶会前一天抵达书院，主事任兄正在给茶社四合院天井的那棵小

折梅品茗　吴昌硕

黄杨浇水。前两天看清代李渔的《闲情偶寄》，知道黄杨每年不多不少长一寸，逢闰年反而缩一寸，是受自然规律限制的树木。李渔称它是“知命树”，赞美它冬不改柯，夏不易叶，素行如是，且能安然于命，是木中君子。我才明白任兄何以钟爱此树了，也许他和黄杨，都是知命而来吧。

在茶室小坐，青林唤我们去书院的后花园，说那里的二月兰开成了海，我和随缘灿然应允了。远远的，闻有古琴声，走近，是书院东书房的刘老师，着粗麻上衣，正在花海中间曲折的文化长廊里，抚琴自得。

随之，青林在那个古旧的小木案上布茶席，还是她喜欢的素朴风格。我问：要不要我帮你折一枝二月兰或者油菜花做插花？她说：插花是茶席上的惊叹号，如果没用，宁可没有，否则就是一惊一乍了；再说了，这个喝茶的环境已经足够好，我们把周边的美景收纳在心，就是最美的插花了。

我是越来越不能小看这个

小妮子了，但是也不用赞美，她的成长和那些二月兰一样，是一种很自然的存在，懂她，陪伴她，欣赏她，就足够了。我盘腿坐在藤垫上喝茶，天有些阴沉，风微凉，茶汤的温度自然不够，但入口的感觉很清甜。微闭眼，二月兰不经意送来幽幽的香气，若隐若显，悠长又缠绵。睁开眼，三两株黄色的油菜花，纤柔地隐在那大片的淡紫中，天空的云，幻成了一只展翅的鸽子，惹得青林好一阵欢天喜地。

转过天来，应了“雨生百谷”的时令，天又下起了小雨。谷雨茶会，简直就是一场天意中的户外茶会了。茶友都是第一次来书院体验茶文化，谷雨“一候，萍始生”，茶友彼此也都算萍水始相逢，今日因茶相遇，也是一个善缘分了。

茶会设在茶社窗前盛开了牡丹花的小花园旁的凉亭，这也是青林的用心处。牡丹，小亭，让人很容易联想起《牡丹亭》里那一句经典唱词：“不到园林，怎知春色如许？”民间习俗，谷雨节气又有赏牡丹花的习俗，如此情景，人在自然，和天地做最直接的交流，不喝茶，也是醉了。

茶当然还是要喝的。第一泡，是随缘从茶山带回的古树生普洱“见真”，能在一杯茶的时光里，照见真我在，做回一个本色的人，是品饮的终极。第二泡，是那款“菊林旧隐”，水温自然会带了细雨的凉意，但青林还是冲泡出了润、滑、醇、甘，大家静心品茶，牡丹花静静开，细雨静静下，此刻，大家都隐在了自己的那颗心中。

书院不远处的那株老紫藤，用绚烂和馨香悄悄为春天谢幕。

三　一茶见真

茶会的那款古树茶“见真”，我在随缘居士泉城的“一葉”店品饮过，一起品茶的还有青林和润和堂主人。随缘说“见真”的那片茶林，是他茶山行感觉最美妙的山场。整个环境是清清凉凉的，行走其间，人的呼吸是顺畅的，全身每一个细胞都是打开的，到处都是野果野花，空气中只有鸟鸣和小虫的清音。

这样的自然生态，茶当然是极干净的，入口，有雪山天泉的清冽和甘甜，那个香哟，是花果的香甜，轻嗅杯底，香气比茶汤里还要直接、馥郁。我贪恋那份干净和香气，多喝了几杯，便有些招架不住，我和这种很年轻的猛烈，一直很纠结，一次次被吸引，又一次次拒绝。

和随缘一起喝茶多，他知我，笑着拿出了和“见真”一个山场的另一款千年古树茶“垕玉”。千年古树，犹如百岁老人，虽历经沧桑，却是越发慈悲、温和了。喝起来当然很受用，几十泡，茶汤没有颜色了，那香气却还在，回味也是悠长。百年古树的“见真”，和千年古树的“垕玉”，一个是毛头小伙子，一个是智慧老人，其间分别，时间会说话。

真，一直是随缘做人做茶的追求。茶的源头，他追求原始、生态、纯净；茶的工艺，他秉持古老传承，追求古法古技；茶的价值，他追求普世、亲民、入心。有形的是茶品，无形的是人心。人心尚自然，做事就会有规则。自然是什么？是春夏秋冬，是日升月落，是天，是举头三尺有神明。

随缘常说：茶，干净永远比好喝重要。当下社会，人心、自然，都已经说不上干净了，要做出一款干净的茶，何其难？做出来了，还要百姓日常能喝得起，那就更难了。

茶是随缘的修行，人有善愿天必从之。一款名为“积善”的茶诞生了，一生一熟，两块方砖，绝对的亲民价，喝起来放心、顺口，自然大受欢迎。其实，真正的赞美，是茶背后的“积善之家必有余庆”，想想就为他高兴。“见真”也是亲民茶，这是人性的定位。那款古树红茶“净”，随缘说生态环境不是很好，这样的生态破坏在云南茶山比比皆是，他试图用传统工艺找出茶内在的本真，做红茶，做熟茶，以此拯救生态。他这样说着时，我们正喝退火十二天的“净”——润，暖，回甘，有云南的阳光和山泉的气息。几杯后，身体暖暖，后背微热，脑门微汗，是温情女人的感觉，我喜欢。

高山流水　张大千

所有茶品，你有没有自己的最喜欢？我问随缘。他笑着拿出“抱朴”，这就是他的最爱之一了。为什么喜欢？我追问。纯自然的气息，丝毫没有尘世的浊气。随缘答。我明白，这就是他要的“朴”了。朴，是本原，是一切的终极归宿。这款2009年班章寨头生头采的百家茶，干茶有沙瓤西瓜的气息，回甘极好，那份纯净一下子打动了随缘。一见钟情，再见还钟情，钟情至今，随缘自己和纯净也越来越近。

在“抱朴”里抱朴，看花开花落，观叶落归根，活在大自然的秩序里，呼吸和四季同频共振，不经意间，随缘活在了道中。

丁酉闰月，云南的春茶发得晚，随缘、青林谷雨才进山，恰恰赶上景迈山布朗族的茶祖节。我喝过布朗族老王子苏国文茶祖节祭祀祖先的“茶魂”，除了原始古树的气息，还有神性和圣洁在。

进了山林的随缘总是有太多的灵气。在勐海，他用古树纯料做了带着阳光味道的白茶和岁月静好的红茶。在景迈山，他把那些老茶料摆弄来摆弄去，最终用九款老茶拼成了一款极为得意的茶，又自鸣得意地取了一个很朴也很牛的名字——老刘的茶。深深懂他的我，第一次在弟子那里喝到这款茶，就激动不已了，简直好喝得如人品，品饮间恍若与随缘相见无言。

夏

在二十四节气里细数日子

荷亭纳凉　（清）金农

立　夏

——泥新巢燕闹，花尽蜜蜂稀

一候，蝼蝈鸣；二候，蚯蚓出；三候，王瓜生。

一　梦里小山径

马上就是立夏，武夷山茶农要开山了，我跟随随缘一行九人，去朝山探源。

开山是武夷山茶农特有的习俗。传统的开山日是很有仪式感的：茶农们一大早在制茶祖师杨太白塑像前虔诚祭祀；早餐后，由专人带至休茶地分散采茶；等太阳升起，露水初收，带山人向采茶工们散了烟卷，大家才可以说话。整个仪式都是安安静静的，也因为静默多了几分尊重和庄重。开山后，茶农便进入了繁忙的采茶期。那一片大自然里的树叶子，自此开始走进山外的世界。

接我们的孝文和小温，一个是天心岩村的，一个是桐木村的。他们两个的家族，一个是五代岩茶大师的武夷制茶世家，一个是中国红茶鼻祖正山小种的制茶世家，且三十出头的孝文，早在2006年二十四岁的时候，就成了首批国家级非物质文化遗产武夷岩茶制作技艺传承人之一。

随缘和孝文，是十几年的茶知己。那时的随缘，还仅仅是个茶

大吉图 徐悲鸿

客，每年在泰山和武夷山这两座世界文化与自然双遗名山间奔波，就为的喝上孝文做的一杯茶。孝文泡，随缘喝，两个人都希言，偶尔相视一笑，话都在茶汤里。那情景，一个像伯牙，一个像子期，是中国人骨子里的知音叹息。这一片树叶就是这么微妙，一杯茶就能照见本性，一杯茶就是一个世界。

下榻的雅居，处处舒爽，见了主人的用心，自然和人文，家居和美学，那么自然地融合在一起。心底期盼着茶山行，早早入睡，希望明天能神清气爽去一期一会那天地自然精灵。

立夏时节武夷山的雨水，是多情女人的泪水。睁开眼，这日却是一个难得的明媚的天，今天要去牛栏坑看肉桂，真是好机缘。记得有一次润和堂主人说要带着牛肉来看我，我还奇怪，他明明知道我更钟情水果的。到了之后，才知道他带的“牛肉”就是陈孝文家上好的牛栏坑肉桂，喝起来，香气果然是清远、细腻、幽长。再以后，随缘居士年年会送我不少的正岩茶，都是孝文家的，我越是知道好，就越是喜欢和朋友们分享，三三两两，没些日子便散尽了，为此爱人常常说我不过日子。

那些散在日子里的美好，源头就在武夷山的三坑两涧，今日，我们就要走进其中之一牛栏坑了，我心里竟然带了少年式的兴奋。

坑口有一棵巨大的苦楝树，开满了紫色的小花，山风徐来，那香气一阵比一阵紧，即使在空旷的山野间，也是馥郁得很。随之，是清脆的鸟鸣，和溪涧哗哗的流水声。坑口有一大片茶园，正抽枝开面，清新得像婴儿的脸。闭了眼，心底的那个世界是如此的清亮，尘世残留的那些苟且，在这和美的大自然中，瞬间便融进清流、鸟鸣和香气中了。

沿着沙砾的小路在山谷间行走，溪流欢唱着一路相随，遍野黄色的小花灿烂着陪伴，一向板肃的随缘也灿烂成了一朵花，青林扭搭扭搭像逛自家的菜园子，大家都在各自的发现里惊叹、惊喜。山崖绿树丰茂，偶尔露出一块岩石，皆是黝黑健壮，山谷错落的都是茶园，这样和谐的生态环境，才是它真正的家园。

虎岩山居图　张大千

我当然是一路的新鲜，如果不是为茶而来，武夷山景区里的这个小山谷，是少有人光顾的，它不够峭拔不够宏阔，连溪流都是娇小孱弱的，但这恰是它的胜处。它留住了天然留住了天地静美留住了一个童话一样的世界，我在内心深处的无数次遇见，今日终于了愿。一路上，我和茶园轻语，和青山溪流对话，和一路的山花相视而笑，我的话还没有说完，我的眼尚没有看够，不知不觉已经走出山谷，在天心永乐禅寺的那片小竹林下，在镌刻了“大红袍祖庭”的那块巨石下，我和随缘轻声说：几十年来，我一直想走的就是这样一条路。与此同时，泪水哗哗流下。

这句话，这些泪，就是牛栏坑里我永远也说不完的那些话。

二　遇见大红袍

先是在天心永乐寺小憩喝茶，喝大红袍，喝三十年的小红印，喝

1954年的老白茶，然后是在孝文家喝茶。那些天价的“牛肉”随便喝，当然是孝文主泡，他最懂自己做的茶。还有懂他和他的茶的随缘。我只懂他们的懂就好了。在这里天价无价，我们蹭的，就是孝文和随缘这两个茶知己的感情茶。

喝茶间，山上的茶青到厂了，那是孝文的母亲和采茶女们刚刚采摘的。屋外人们开始晒青，推开窗子，一股子青茶香柔柔地撞击人。孝文的父亲陈墩水，带着六岁和三岁的两个孙子在午后的阳光下晒青；孝文八十岁的爷爷陈谨造，坐在轮椅上远远看着；孝文陪着我们，在屋里静静喝茶。这个五代岩茶大师三百年家承的茶世家，每一个人都在茶的气息里踏踏实实地活着。

晚上，随缘几个人要陪着孝文做茶到凌晨。这期间，孝文每天只能在黎明时睡上两个小时，其他时间，从摇青开始，每一个环节他都要带着制茶师傅们一起劳作，哪一道毛茶不尽人意，他都会寝食不安。这种究极精神，是茶魂之所依，是陈氏家族的生命归处。

第二天，恰是立夏，随缘说要去慧苑坑孝文家那片三百年的老枞水仙下开茶会，大家备好茶具和水，载欣载奔，出发。

去慧苑坑，沿途会经过倒水坑和流香涧、梧源涧，那是又一条武夷山的茶路，称为岩骨花香慢游道。茶，从一片树叶子到一杯香茗，这个过程就是慢生活。在一杯茶

云峦水村图　（清）邹喆

里，遇见自己，心回归到那片树叶子的生长地，与山川、溪流、草木对话，是灵魂的悠游。岩骨花香，本来就是武夷岩茶的本性所在，恰如武林高手的侠骨柔肠、剑胆琴心，此程慢游，我也希望能在山川中找到本我的精灵。

有些阴天，山谷都是溪流潺潺，九曲溪流拉伸了景观的层次，一路的山水树木花朵，与人在俯仰间和拐角处不经意地相遇，每次都给人欣喜。越往前，路越难走，茶园的生态反而越好，到处都是水汽和苔藓的气息，连茶枝上满满的都是苔藓。山间的雨直性子，一点铺垫都没有就下起来了。山上采茶的女人和挑青的男人，急匆匆往山下赶。我们一行九人执着地往山上爬，路边偶尔会有单株的老枞水仙，像茶家族的老人安然于路边，我和随缘不时驻足，青林那几个年轻人，远远超过我们去寻找孝文家那几棵老枞水仙了。

到底还是没找到那几棵老枞水仙，雨却越下越大，大家不再执着，便紧着往山下走。在慧苑寺古旧的木板廊檐下小憩，吃面包和曲奇饼，吃小西红柿和枇杷果，喝三十年的小红印，闲聊，听雨声、虫唱和院子里老母鸡的咕咕叫声，这深山古刹，似乎也有了人间情味。

继续下山，远处飘来香香的味道，青林在前面高兴地嚷嚷：快走啊，去前面吃大红袍茶叶蛋啊！提起精气神儿快步走，循着香味儿，一抬眼，崖壁上有“大红袍”三个石刻字，我一下子站住了。我知道，不期然，我遇见了大红袍的那六株母树了。

这六株三百五十年的大红袍母树，我在《茶亦醉人何必酒》那本书里写过，还有书生中状元后，把大红袍披在树上报恩的茶名渊源，每次有人从武夷山回来，我也都会问问那几株母树，虽然未曾相见，心里却总有牵念。今日这么自然地相见，似乎只是久别重逢了。

在大红袍对面的亭子里，喝大红袍，吃茶叶蛋。那蛋果然好吃，入味很深，主人说是用正岩茶，取山泉水，慢煮六七个小时，才会有这武夷山的独特滋味。今日立夏，民间素有吃鸡蛋的习俗，这大红袍茶蛋也是真应景。青林和若曦摆了漂亮的茶席，背靠大红袍母树和参差的茶园，白衣飘飘，投茶注水，宛若仙子，路过者无不驻足。

人和茶，真是个缘分。不必苛求，也不必刻意，遇上了，就珍惜这一期一会，或简单，或盛大；或素朴，或华美，一盏也好，一道也罢，只要是和干净对话，都是人间难得的善缘分。

今日立夏，此日的茶山行走，有诗情画意，有泥泞艰险。阴晴圆缺，本是人间平常，青山依旧，绿水长流，在岁月的流转中，生命里所有的遇见，都是注定的重逢，如是平常，何来悲喜怨尤？

丁酉立夏，青林随师父再走武夷山，这个妮子，执意要见到去岁此日没有见到的孝文家几株老水仙，一了夙愿。天也眷顾她，和风丽日一路相随，一直到山尽头。一块青石板，一片裸露的岩砾，那几棵老水仙的家园如此荒疏，简直和沿途溪流、鲜花、青苔的润泽无法相比，青林有些失望。随缘说：茶路的尽头，也许就是这样的荒疏，但有了一路的鲜活，一切都值了。那一刻，青林心情大开，从此，这个多愁善感的小妮子生命如花开。

三　走入桐木关

第三天一大早，小温和叶子来下榻的雅居，接我们进桐木。

桐木关松烟味的正山小种，是中国红茶的鼻祖，也一直是我喜欢的茶。日后小温的父亲参与制作的金骏眉红遍天下，也始终没有影响我对正山小种的钟情。甘醇的气息，松烟的味道，悠长的韵致，是我独钟正山小种的理由。尤其是一款茶的韵致，我坚信好的东西都是有韵的，青花、书画、紫砂、昆曲……有韵的东西才耐品，值得一品再品，甚至让人欲罢不能。

按照这个标准，我排斥了走红的金骏眉。直到有一天，在书院的一次茶会上，我喝到了小温的父亲亲手制作的金骏眉，我才知道，真正的金骏眉也是有韵的。

桐木关是自然保护区，外人不能随便出入。小温是桐木村土生土

墨兰图　（清）朱耷

长的人，便给我们带来了出入的便利。和武夷山景区相比，这里是一个更天然的所在，植被越发茂密，山路两侧也都是葱郁的树木，一侧是九曲溪，另一侧的山壁上，三五步就是一个小瀑布，满目绿色，一路水声，中间经过一个小桥，那些野生的猴子，很友好地和路人相视。一个刚有了猴宝宝的三口之家，引得大家好一阵惊呼。

小温家的茶厂就在桐木关深处的桐木村，在那里，我第一次见到了正山小种的松木灶和烟熏楼，小温特意把熏楼门打开一条缝，我站在门口，把喜欢的松烟味道吸了个可劲儿。我也第一次见到了金骏眉的四个制作人之一老温，他和我们打个招呼，便又忙着专心制茶了。在他家的二楼上，小温拿出了老温刚刚做出的兰花香的金骏眉，那香气好幽，是幽兰的气息。

小温说真正的金骏眉需要天时、地利、人和，因缘和合而生，属于天作之合，所以才会天价；如果市场都是金骏眉，那必然是肥皂泡，人自已容易被迷幻，那可真的不关茶的事儿。世间那些梦幻泡影，如露亦如电，人人被迷障，那又怪得了谁？

随缘、青林他们在屋里论茶，我一个人悄悄走出来看山看水。小温家的楼下就是一条唱歌的溪流，溪流上面是茶园，人们正忙着采茶。立夏采茶季，无异于农家的大忙二秋，无论阴晴，都要和天抢时间；否则，迟上三两天，叶子就老了。

茶园的上面，是大片青绿色的毛竹，竹林上面，是墨绿色的树林，一直延续到山顶，一点儿石头也看不到，桐木关的山真的很温润，且富有层次，极有景深，是天然的青绿山水画。起初是星星点点的雨滴，随之淅淅沥沥起来，继之风云雷电一阵紧似一阵，已经是瓢泼大雨了。雨声，溪流声，雷电声，那么纯粹的天籁，我的心上都是了呀。眼前的山，一点一点地迷蒙，树木不见了，竹林不见了，茶园也影影绰绰了，漫山遍野，只有浓浓的云和天籁，青绿山水变成黑山水了，山里的那些精灵，莫非正在狂欢？

临别的晚上，大家围坐茶聚，青林把茶盏摆成一个心，然后静静泡茶，先是小红印，再是布朗之巅，暖暖，又清凉。这个妮子，一路下来，起初，所有人都住在她心里；临别，她住在了所有人的心里。这个小妮子的魅力，都在心。

从武夷山回来，当我在乡下的平房里，和我的那些发小儿们团坐在榻榻米上喝大红袍喝正山小种，煮孝文做的牛栏坑肉桂老黄片时，武夷山和桐木关的那些山水草木，成了我心中永远的背景。起泡时，不经意，便邀了青山溪流入座。

立夏几天了，燕子在院子里盘旋着搭窝，那棵老枣树越发葱郁了，前院的老槐树的树冠已经搭上了房檐，小菜园也已见绿。街头桑葚上市了，明天买点儿做上一瓶桑葚酒，待到枣花朴香，约随缘来老屋开一个茶会。我老家的发小儿，你们都来可好？

小　满

——麦穗初齐稚子娇，桑叶正肥蚕食饱

一候，苦菜秀；二候，靡草死；三候，麦秋至。

一　走在乡间的小路上

《月令七十二候集解》：“四月中。小满者，物至于此小得盈满也。”这个时节，也是家乡的小麦最美的时候。从立夏麦龇牙的嫣然一笑，至此，麦尚青青，但青涩不再，那麦粒如发育期的少女，日渐丰满起来。初夏的风微微吹来，麦浪一波一波，清新天然，又韵致风情，是很迷人的味道。明日小满，我又惦记着老家黄河故道的那些麦子了。

和友相约，从旧城大槐树下出发，我们准备一步一步丈量黄河故道，故道通海，自然是走不到的，我们的目的地，是我老家的老屋子。

那棵老城遗址上的老槐树，已有千年，雷劈后树干只剩下了一半斑驳的老树皮，顶着一个硕大的繁茂的树冠，真是生命的奇迹。这之前，我是年年都要来看看老槐树的，那时的树冠远远没有这么丰茂，像风烛残年的老人，每次见它，都会想起孔子的那句“父母之年，不可不知也。一则以喜，一则以惧”，在我心底，家乡的这棵老槐树，

桐阴清梦图 （明）唐寅

已与我乡间的老父亲无二。

顺着长满酸枣棵子的古城的斜坡走下去，就是黄河故道。河道里一望无际的都是麦田，行走其中，心神都是清爽的，脚步也轻盈。走过这大片的麦田，河道越来越窄，有一段早已经成了乡间小路，路两边都是野草野菜——马绊子、蒺藜棵、未脱尽毛毛穗儿的茅子草，还有开了一脸灿然的黄花的苦菜子、婆婆丁，那些开着紫色、白色花的菜棵子，我已经叫不上名字了，亲切却还是一样的。

小满一候苦菜秀，这种家乡随处可见的野菜，清明、谷雨时节吃，是甜津津的；到了小满，则苦得没法吃，那黄花却开得热闹，真是又苦又甜，又微小又灿烂。

同行的好友对黄河故道不感兴趣，她的乐趣在那些曲曲菜。我本来就是乡下丫头，打小就喜欢在田野里撒欢儿，这样的行走，不过是在一路捡拾那些小时候的记忆。除了我和好友，田野里一个人也没有，除了鸟叫和风声，什么声音也没有，这个世界，只有安静，只有自然，剩下的，就只有欢喜了。

穿过一条河，再往前走，不是麦田，也不是乡间小路，河道就只是河道了。水早就没有了，河道里长满了芦苇草，还有红褐色的一层野菜，两侧都是红荆条，花开也是一片一片的，紫色的，白色的。我瞬间便采集了一大抱，抱着自拍自嗨。远处的友，提着满满两大袋子野菜，向我走来。

前面出现了大片的枣园，再前面就是我安静的村庄了。小城的灯红酒绿，总让人觉得是过客；行走在村子里，感觉才是归人。到了我的老屋子，站在院子里那棵老枣树下小憩，一抬眼，屋檐下的燕子早就搭好了窝，不久，就会有小燕子在窝边待哺了。

同学峰哥也赶到了，他说要为我黄河故道一行接风。好友忙着择野菜，我和峰哥在榻榻米上喝茶，当然要喝武夷岩茶——大红袍、肉桂、老枞水仙，一道一道品，捋着肠子话当年，真是高兴。

那些家乡的发小儿，早就聚在一个小饭店等我们嗨。香姐烙了大饼，强哥要了虾酱和小葱，撕下半张卷上，饼大口大口吃，酒满杯满杯喝，话无拘无束说，那笑声，也是酣畅的。

一切，小得盈满。

二　开了一朵莲花

小满，随缘、青林陪同几个台湾的朋友，继续在武夷山探源，小满茶会，他们是在莲花峰上开的。“开了一朵莲花。”青林笑吟吟对我说。

立夏时节的探源，为了照顾我的身体，随缘没有安排去莲花峰，他指给我看时，我只看见了云海流荡中的一片缥缈。我也曾想象过那里是不是如佛国一样开满了蓝色的白色的莲花，随缘笑着说只是因为峰顶神似莲花得名。不过，莲花峰上确实有个妙莲古寺，小满茶会，随缘他们就是在妙莲古寺开的。

粉荷　张大千

上山时下起了雨，绿树越发干净，溪流越发灵动，路边那些野花安安静静地娇媚。沿途有一些摩崖石刻。一处细长小巧的石罅中一块别致的扁长石上，刻了草书“真如”二字。妙莲古寺的旧山门壁上傍着路势镌刻了两个隶书大字“趋法”。另一石罅，刻了八个行书大字“色即是空，空即是色”。左壁下石罅中，错落排列的八个“小泥人”，那是古佛扣冰和尚的一个感人故事。传说唐代的扣冰和尚在武夷山修行时，宅心仁厚，不愿让人伺候，就用泥土塑出八尊小人儿。诸尊泥人一心护持扣冰和尚，有的洗衣烧饭，有的种菜挑水，让和尚全力修行。传说小泥人劳作之时，逢雨雨必停歇，遇酷暑必有彩云遮阴，真是让人感叹不已。

这样的一条登山路，就如同一本打开的佛经；这样的行走，就是一路读经一路拜经了。走到峰顶，妙莲寺，这座轩敞而庄重的古寺，就在峰巅巨崖下一条天然裂隙之中，寺庙内殿不竖一柱，不设一瓦。院中有一个亭子，窗子半闭半敞，大家坐下，布席喝茶。

茶席还是青林一贯的素朴风格，一朵莲花做了插花，青林一袭素白端坐泡茶，身后是一幅字，写了“随缘喜舍今生业；信念慈悲后世田”，倒像是为随缘专设。起泡孝文家牛肉，大家都很珍视，茶汤很厚，茶气也很刚猛，一口汤下去，大家微凉的后背瞬时热了起来。又泡布朗之巅，这块20世纪80年代用老布朗山的古树料压制的茶砖，经过三十多年的转化，茶汤已经是红色的，也很柔和，但是茶气非常猛，大家一杯接一杯喝下去，微汗，在清凉无比的莲花峰顶，喝得通体舒畅。

天将晚，带着被茶和古寺洗出的一身轻松，大家下山，小满茶会，小得盈满。

与此同时，有好友自不远不近处来，我老家的发小儿陪同，大家一起畅游堤柳美丽乡村，在老枣树院子里追怀旧时记忆，观旧城大槐树，寻找时间里的那些古老传说。然后回到我老屋的土炕上，煮孝文做的牛栏坑肉桂老黄片，喝茅台酒，喝姐姐在大铁锅熬的玉米粥，一样是满心欢喜，通体舒畅。

小满这一天，因为感念，人人俱得盈满。

三　老屋的茶会

随缘居士和青林，要来我老家的老屋子开个茶会，茶文化要下乡，我高兴死了。

我老家的那些发小儿有福分了。招待的事儿我插不上手，姐姐们早就发好了面，老面肥发酵，搋碱戗面。小麦是老家盐碱地上生长的，不能浇水，纯天然生长，产量低，却好吃得很。馅子，是早春采摘的苜蓿嫩叶焯好放着的；还有黄菜，这可是老家盐碱地的土特产野菜，是刚刚采了焯好的。随缘素食，馅子里只放了鸡蛋和芝麻盐。姐姐们七手八脚一阵的工夫，大铁锅里底上两层篦子装满了包子，用木柴大火烧，连蒸上两锅，一屋子都是刚出锅的包子的香气。

近三十人吃包子，眼看着小山一样的包子就成了浅丘。随缘吃了四个，青林妮子吃了三个半。我吃了三个，专拣带了焦黄的嘎儿的吃，一个姐姐白我一眼，又一个姐姐白了我一眼，我权当看不见。

那些哥哥们，陪着随缘转堤柳的老枣园，看旧城老槐树，看我老家美丽的村庄，然后，在院子的老枣树下，放上方桌，就着花生米和曲曲菜、生菜，吆三喝四地喝起了酒。屋子里，吃完了包子的随缘，盘坐在榻榻米上，安然起泡，茶会就算是正式开始了。起点就是20世纪80年代的小红印，随之是老红茶，随之，是牛栏坑的紫龙袍。

发小儿们围着随缘、青林坐了满满一屋子，喝茶，轻聊。我偷偷溜到院子里，和喝酒的哥哥们胡闹一气。一个哥哥双手举着我采回来准备插花的野花向一个姐姐献花取乐，另一个姐姐在院子里扯了一根野草，麻利拴了一枚草戒指递给献花的哥哥起哄，我在一旁笑得喘不上气儿，紧着给他们拍照。

一会儿，青林端出了用千岛湖的泉水煮的茶，我分茶后，先端起

贵寿图　吴昌硕

一杯闻了闻，是熟悉的土坯房的气息，单是那汤色和陈韵，就足以让人沉醉，是三十年的小红印。哥哥们其实并不懂茶，我还是一人一杯分给他们，淡淡说：喝吧，好茶。我的心里却不淡淡，因为我再次品到了随缘的人性和情分。

晚上，我拿出自酿的葡萄酒，用庄园的原浆酒泡的葚子酒，还有一瓶二斤的茅台，随缘和青林只喝葚子酒。葚子，是从老家邻村采摘的黑葚子，小时候我养蚕玩儿，都是爬上那几棵老桑树摘桑叶，树上的黑葚子，结得又大又甜，以至于很多年里，我一直念念不忘。以后才知道，原来每一个中国人心里，都深藏了一份关于桑树的乡愁，自《诗经》至今，源源不断。

小满时节，正是桑葚上市时，桑葚酿酒无暇做，用上好的原浆酒泡上一瓶喝，对身体也是极好的。深谙养生之道的随缘，当然懂得这个。

大姐在大铁锅里做了炝锅白菜粥，随缘酒足饭饱后，竟然喝了三大碗。姐夫从地里掐了一把麦穗子，在灶间给青林小妮子用炭火烧了，然后在手心搓成麦粒。小满的麦子，如浅熟的妹子，本就香香嫩嫩的，再用木炭焙过，犹如武夷山的岩茶，惹得青林小妮子又是一阵子欢天喜地。

小满，小满，多么美满的日子。

芒　种

——庭木集奇声，架藤发幽香

一候，螳螂生；二候，鵙始鸣；三候，反舌无声。

一　知交不零落

麦子一天比一天黄了，眼见着要麦秋了，爹又闹着去烟台福山看盟叔，说丙申年两个老人整整相识六十年了。

八十一岁的老爹，身体还算健朗，烟台的盟叔却早早坐上了轮椅。爹喜欢历史，前年我带爹去西安，归来我问爹感受，老人说：还不如去福山看你盟叔呢。我哭笑不得。自此，陪爹去一趟烟台，这个心愿也就埋下了种子。

黄骅古贡冬枣园的脆冬枣，是一定要带上几箱的；随缘收藏的十年老茶“希言”，也拿上一提，叔家的帅弟和姐夫，都是喜欢喝茶的。爹还带上了一大袋自己种的小米，说是婶子喜欢喝。侄子正好换工作，顺便带上他长长见识。

到了福山已是半夜，姐夫早早在路边等着了。先到宾馆休息，第二天一大早，姐夫就拉着我们进山了。盟叔和婶子正在老家丁家岙——一个美丽的小山村消夏呢。

福山都是浅丘，线条很柔和，植被也丰富，且大多果树，春天

疏枝唤雨　（宋）赵佶

原上和鸣　（宋）赵佶

时，满山的花事烂漫个没完没了。这里天也蓝云也白空气也干净清鲜，所产水果自然也极有名——烟台苹果、烟台鸭梨、烟台樱桃……这些寻常的水果，前面冠了地名，便一下子名贵了。

先是上山，叔家帅弟在烟台经商，衣锦还乡时买下这座小山，经营了三年，成了当地最漂亮的一座花果山。如今正是采摘樱桃的时节，每天上山的人多多，山腰有个凉亭，亭下是喝茶的地儿，摘樱桃累了，便在凉亭喝上一杯茶，山风吹来，裹挟了果香和花香，是古树茶底的香气。

和爹、侄子去山脚下小村子看盟叔。好幽静的小山村哦。家家门前屋后都有樱桃树，就像我老家随处可见的枣树。叔的房子，让帅弟收拾得极为漂亮，门前两棵玉兰，院子里是漂亮的葡萄架，葡萄开始坐果了，秋天果实累累时在架下喝茶读书，必是美事。

老爹先一步进屋，叔看见爹情绪好激动，但就是支支吾吾说不出话，老人有栓塞后遗症，再加上小脑萎缩，能认识的人已经不多，但是看爹的眼神却是那么深情，我眼眶有些热。人这一辈子，能陪伴你一起老去的有几人？夫妻、朋友、发小儿……算算，真的不多的，这么想时，生活里那些烦心的在意，突然觉得不值得在意了，只留下了珍惜。

两个老人静静坐着陪伴，帅弟又带我去看他的山。从山脚下的迎客松，沿着他自己修的路上山，核桃树、栗子树、杏树、苹果树、葚子树、樱桃树等，顺了山势渐次显现，满山都是金黄的四季菊花。帅弟带我走小路，路旁的艾叶好清香，还有开了淡紫色小花的野槐树，甜甜的香，一路一直有山鸟的鸣叫声，帅弟说是伯劳鸟，值芒种时节，山里都是它的清鸣。

前面山阳处有一树金黄，我以为是山杏子，帅弟说那是一棵枇杷树，满树的金黄是枇杷果，山杏成熟还要晚上几天。枇杷、樱桃、梅子，被称为“果中三友”，都是芒种时节的鲜美水果。枇杷是随缘的最爱，樱桃是我的最爱，哪天和他青梅煮酒，让枇杷和樱桃下酒。

帅弟一路走，顺手把樱桃树上熟透的果子递到我手里，紫色的梅早酸甜，透明的水晶清甜，这一路上，我们姐弟一边聊，一边吃，偶尔来个自拍，真是不亦乐乎。帅弟重情义，钟情面，极孝顺，我们很是投缘，他每年都去老家看爹，在他的小山，我们也有一个六十年的约定。回家后，收藏几饼随缘的千年古树茶“垕玉”，放到和帅弟相识六十年时，一起分享。

回到凉亭，我泡孝文家的老枞水仙，眼前，采摘下来的樱桃已经堆成小山，身后，是一棵挂满了山杏子的老果树，那些山杏，已经微微醉红了脸。

二　品茶味麦

回到我的小茶室，正是芒种这一天。一声招呼，我老家的那些发小儿、同学，都聚过来了。

校园的栀子花开了，我特意摘了一个花骨朵儿，泡在那只老青花的粗瓷碗里，算是插花，也是茶供。那只手绘的景德镇仿古盘，装了从福山带回的樱桃；那个用麦秆手编的小筐子，装上带着绿叶的山杏子。芒种茶会，没有任何形式，就这样自然而然开始了。

老家人，张口闭口当然就是说农事，我起泡十五年的普洱熟砖“大化如画”，一个姐姐说是雨点打在暴土上的气息，一个哥哥说有麦秸垛的气味，大家哈哈笑，尽兴聊，很有把盏话桑麻的味道。当然，说的更多的是旧时记忆。

那时的麦秋，纯人力，全手工，真的很累，农忙无闲人，大人孩子都忙麦子。我是负责送水的，用瓦罐在井里提上水，那水是冰凉的，我们叫井白凉，没有白糖，放进几粒糖精，放多了水可就苦了。提到地里，割麦子的家人咕咚咕咚灌上一通，凉凉的，甜甜的，压住了热气，又继续割麦子去了。午饭是要送到地里的，白白的死面饼，很多层瓤子，卷上金黄的炒鸡蛋和麦秋上市的马口鱼，那就是麦熟时节最好吃的饭了。

空山结屋图　（清）查士标

那时的生活，很天然，特低碳。割完的麦子，麦茬儿要凿回家烧火用，麦秸秆也要择出掐辫子的和蒸馒头铺锅的，其他用碾子轧过成了麦秸子，留着脱坯打土炕，或者和泥泥土房子。有时候，妈妈还拣着长得极为繁茂的麦子连根拔下，在石碾子上使劲摔尽麦粒儿，然后编麦秸苫子，编蒲团。老家的土壤是百年海浸地，麦子靠天收，不能水浇，越浇越碱。

劳累了一天，回到家里，吃着大锅里用麦秸根烧火烙的饼，或者铺了麦秆蒸熟的馒头，一家人坐在院子的麦秸苫子上，卷着自家菜园的小葱，大口大口吃，那个香哦。那时的夜晚好静啊，那时的星星好亮啊，那时的生活印记好深啊。

聊着聊着，老茶砖泡尽了，我放陶炉上煮，有一屋子的枣香。芒种时节，老家村后的那片枣树花开得正旺相，五角的小花瓣，很不起眼，却香气袭人，是那种很朴素很内敛的香气。麦熟了，麦田的香气和枣花的香纠缠在一起，会风情一个季节。这个时候，也该给枣树开甲了，用镰刀不深不浅砍上几下，秋后的枣子会又大又甜的。

茶事渐深，情亦深。我想起还有一包一直没舍得喝的牛栏坑肉桂，是孝文亲自做的，拿出来，分享。

取了大约五克牛肉，置柴烧盖碗内，烧开了崂山山泉水，注水，起泡。这是武夷山牛栏坑的自然生态茶，为了惜福，就不再洗茶。我心念一直是干净、空灵的，出汤时间把握不太好，就静心安心随心走。分盏品饮，感觉口腔里有一个纯粹至极的世界，那份干净和奇香，容易让人想起月宫和佛国。两杯下肚，后背微汗，只是身体提醒我尚在红尘。

发小儿们也渐渐安静下来，好茶就是好茶，不用过多的话语，只静静陪伴，身体的放松和心情的愉悦会很直接地告诉你：茶是好的。

我突然想到了一次和随缘等一起喝茶，喝的不是牛栏坑肉桂，是西双版纳的古树茶“见真”和“垕玉”。大家也是都不说话，只静静和茶对话。那份感觉极为和悦、美妙。

而且，那份香气，也和牛栏坑肉桂一样清，但是不绝如缕。茶取名“垕玉”，就是为的让人们对皇天后土，对大自然，有一份感念，有一份敬重，有一份自觉。随缘说：喝茶十几年了，我一直不想说话。因为当你静静喝茶的时候，身体的本能反应，就是对茶最好的评价。当你喝得身体舒泰精神愉悦了，这款茶就一定喝对了；否则，不管怎么忽悠，都骗不了身体。

看看我的发小儿们，似乎也都沉浸了。干净、素朴、真实、天然，是大家一致的需求。

泽畔行吟　张大千

三　给日子一个仪式

用吃粽子和赛龙舟，用一个端午的假日，全中国共同纪念一个人，这就是中华文化的魅力和穿透力。

人是容易遗忘的，别说是几千年前的一个古人，就是当下一起的行路人，走着走着就散了。记忆是最不骗人的，那些让你忘不了的过往，那些陪着你一起老去的人，一定要珍惜。那些在历史的长河里让一个民族一直记忆的人，比如屈原，更要珍惜。

起初，我是随便买两个粽子应应景，不知从哪年开始，就特别想自己亲手包粽子了。精选粽米，挑拣新鲜的粽叶，一个一个选金丝小枣，采了细长的茅苇草，泡米，包粽，放上几个土鸡蛋，一起上锅煮，闷上一夜后，开锅，一屋子粽子香，那鸡蛋也格外好吃。不知为什么，这个过程好享受，就像在细细品一道好茶，那印记当然也格外深。

也会自己去野外采艾叶的，这个在山里随处可见的瑞草，在大平原可是少见，但也总能找得到。采回家，是细细的一小把，用红布条拴了，挂在门上，小打量一会儿，真的感觉五月的那些毒邪之气，被放逐在这红红绿绿之间了。

回屋，喝红茶，吃粽子，听《离骚》，想着一个古人，感觉自己距离至真至纯又近了一些。

生活，不只有苟且，还有认真和尊重，用手和心去触摸一个日子，这是随时随地都可以有的仪式感。

我想到了茶会。一款茶，不管多么名贵，最终都是用来喝的，用粗瓷碗，用青花，用建盏……都是要喝到肚子里的。茶会的意义是什么呢？是一种仪式感，借助一个仪式，让人们把心放在认真和尊重上，不只是从茶里找到好喝，还找到自然和灵魂，找到感念和敬重，找到人性和良知。这样的引领，单靠漂亮的茶席和好听的古筝是远远做不到的，素朴、自然、真诚，总之，用真才能引领真，用心才能唤醒心。

我想到了我和发小儿们一次又一次的聚会，喝酒，闲扯，扯着嗓门嚷，肆无忌惮闹，意义又是什么呢？聚会，也是一个仪式，在这个仪式上，每个人都找到了那个一度丢失的真实的自己，找到了同一片土地上共同的记忆，找到了大家心底不变的乡愁。总之，找到了根，找到了自己的心之终极归宿。

我也想到了芒种送花神，那当然也是一个仪式。记得当初读《红楼梦》，读到大观园里的女孩子都齐集祭饯花神的描写："尚古风俗：凡交芒种节的这日，都要设摆各色礼物，祭饯花神，言芒种一过，便是夏日了，众花皆谢，花神退位，须要饯行。然闺中更兴这件风俗，所以大观园中之人都早起来了。那些女孩子们，或用花瓣柳枝编成轿马的，或用绫锦纱罗叠成干旄旌幢的，都用彩线系了。每

富贵神仙　吴昌硕

一棵树上，每一枝花上，都系了这些物事。满园里绣带飘飘，花枝招展……”感觉这些大小姐们一个一个闲得没事干，真能瞎闹腾。

也就在芒种这一天，宝黛葬花，黛玉吟《葬花吟》，看到黛玉哭得稀里哗啦，我也曾一脸迷茫一头雾水。脂砚斋有一个评语是：“《葬花吟》是大观园诸艳之归源小引，故用在饯花日诸艳毕集之期。”那么，《葬花吟》应了“千红一窟”的茶名，整座大观园就是一个葬花之地了。

今日，当我懂得怜惜是因为深爱，仪式是表达心境，日子是承载记忆时，我突然觉得，那些花神——素白的槐花花神，淡紫的紫藤花神，雍容的牡丹花神，还有田野里开不败的蒲公英苦菜子花菜棵子牦牛蛋子诸位花神，在过来的日子里，热闹了大家的生活，让你我素淡的日子一下子灿烂起来。如今，她们暂时告别了，我们有什么理由，不用一个小小的仪式为她们送一下行呢？

正这样想时，有朋约下午茶，清扫茶室，在楼下采了两朵秫秸花做茶供，洗好了果园的大黄杏，盘装了几个刚出锅的粽子，用一个小小的仪式，迎接友情。

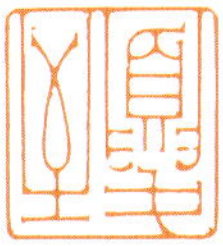

夏　至

——昼晷已云极，宵漏自此长

一候，鹿角解；二候，蜩始鸣；三候，半夏生。

一　那里真干净

丹噶尔古城是茶马古道的最后一个驿站，我的青海之行就是从古城明清街旁的河湟曲艺社开始的。

本来是想找青海花儿的，自打跟随随缘居士武夷探源，我对源头的一切有些痴迷，那些原生态的、干净而生机的、带了远古生活气息的东西，像一杯自然生态茶一样迷人。

一头撞进古街旁的曲艺社，一声高亢、悠长、明朗的调子一下子击中了我的心，小舞台上一群老艺人正在排演《姑娘观花》，演唱者既不年轻又不漂亮，但那份很天然的释放感，让人如看了蓝天白云一样敞亮。

有人端上一碗茯砖茶，这是茶马古道上的这个茶社唯一的茶品。我顺便要了一壶开水，起泡随身携带的正山小种，红茶传统工艺里的松烟味儿，是我的最爱。曲子暖暖的，小种暖暖的，暖暖的似家居，突然特别想吃，我点了青海老酸奶，爱人要了粳米酿皮，都是源头的好东西。

山水册页　（清）梅清

在青海湖边，我坐在山坡的绿草地上，头顶着蓝天白云，面对着蓝宝石一样迷人的湖水，身后是大片美丽的蒙古包，旁边是安安静静吃草的白绵羊和黑牦牛，远处是白色佛塔和经幡飘飘的玛尼堆，偶尔有朝拜的圣徒，一个长头连一个长头，拜着大美天地和心中的信仰。

这样的时刻，我总如返林的鸟儿一样敛声屏气，我知道，天地间的这一切都是有灵的，就如同在桐木关自然保护区里，在桐木村小温家二楼的小露台上，我看到的茶园、竹林和山顶茂密的树木，以及听到的雨声、雷声和小溪哗哗的流水声。我可不能惊扰了源头的这些精灵。

小温家用传统工艺制作的正山小种实在是好喝。这是世界红茶的源头，生态环境又是独一无二，那些细小的高海拔茶青经过这个红茶世家之手，即使在出行携带的杯子里随意闷泡，带了烟味儿的桂圆香依然迷人，我且好好享受这一切吧。

这一杯一杯红茶，走到哪里喝都相宜。在柴达木盆地的茶卡盐湖，我坐在湖畔，四周一片白茫茫，欣赏着雪山在盐湖中静谧的倒影，还有沉在湖底的蓝天白云，此时，一口一口抿水杯里的正山小种，这红与白的世界，是如此美丽。

在黄河的源头贵德，河水清亮，好像源头的一切都是清清，只是裹挟进了人为，才变得泥沙俱下，混混沌沌了。踩着河边细细的沙子，看着远方的水车和树木，我想起了另一处黄河湿地合川，那里是《诗经》的源头，诞生了最原始最纯美带着稻花香的诗歌，就连忧伤，都迷人至极。此时，喝上一口正山小种，红和绿，美得如此和谐。

在塔尔寺，听宗喀巴的故事，看斑驳的壁画，看迷人的堆绣，看神奇的酥油花，一圈一圈地转经筒，心庄重又干净。累了，在班禅住所门前的台阶上，吃青海抹了青油的大馍馍，喝上一杯正山小种，和眼前经过披了一身深红的喇嘛相视一笑，这红和红、红和黄，也是如此美妙。

走到源头，一杯茶汤、一曲小调儿、一面湖水、一条河流、一种宗教……都会把人自身而心透透亮亮清洗上一个遍。源头那里，真是干净！

二　小院茶香

青海一行，是生活在京城的儿子儿媳送给爱人的父亲节礼物。六月里这带了温情的周末的父亲节，紧挨着夏至节令。我买了一斤上好的茉莉花茶，回老家去看老爹。

夏至，是一年里白天最长的一天，虽说两天后夏的脚步才至，晚七点，天还是大亮，爹仍在村后的枣树下搂地。那些枣树上，枣花儿已寥寥，树枝上满是豆子大小的小青果子。枣树旁父亲留了春地。刚刚下了一场雨，爹总算在芒种的尾巴上，种上了玉米。

爹骑上他的那辆旧三轮电车，和我们一起回家。吃了简单的打卤面，就着底火我随手往面汤里撒了一把新麦粒儿，然后在小院里放上小方桌，陪爹喝茶。

八十一岁的老爹，一辈子就喝一种茶——茉莉花茶。中间我试图让老人喝大红袍和普洱，老爹都说没有茉莉花茶喝起来顺口，我也就死心塌地只给爹买茉莉花茶了。喜欢的，总归是最好的。

茶具，我也给爹换过考究一些的，爹说好看是好看，就是用着夹生，大贵贵的老怕打坏了。干脆，就用那把几十年的老搪瓷缸子。省城的妹妹还给爹安装过一个纯水机，爹嫌浪费水，就自作主张拆下送给小城的侄女用了。

如今，把微咸的自来水烧开后，用老搪瓷缸子泡一杯浓浓的茉莉花茶，便是耕作回家的老爹最好的陪伴了。

这个夏至前的夜晚，在自家小院喝茶，我照例是挨不上主泡的，那是爹的特权。爹抓了一把我刚给买的茉莉花茶，扔进搪瓷缸子里，

红蓼白鹅图　（宋）赵佶

然后端起暖水壶快速冲水，一股浓郁的茉莉花香在小院散开。爹乐了，果然是上好的茉莉花茶。

我和爱人一人准备了一个吃饭用的碗，爹敞着怀，用他的搪瓷缸子给我们分茶。我双手端起，一饮而尽，突然感觉那茶无比香甜。乡村的夜晚好静啊，满天都是小星星，凉风习习，吹着默默喝茶的一家人。铁锅里的麦子煮好了，一人盛上半碗，麦粒烂烂的，面汤稠稠的，也格外好喝。真是极好的日子！

回小城路上，我和爱人接着说喝茶。他说特看不惯女人穿着白茶服戴着白围巾仙仙地喝茶，也不屑于男人谈着经书说着茶道玄玄地喝茶，他说他最喜欢我在《茶亦醉人何必酒》里写到的一个叫晨歌的茶友说的一句话：喝茶，就是往简单里喝，往心里喝。比如今夜，一壶自来水，一把搪瓷缸子，一撮茉莉花茶，一家人在小院儿围坐喝茶，什么都不说，只是静静陪伴，就是最好。

我默认。茶是饮品，也是文化，但真的不是当下的很多噱头。那些莫名其妙的噱头，让茶既不是饮品，又失了文化，不管自己感觉多么的美，也都不伦不类得让人发笑，那一杯茶内在的品质，我们哪里去找？

突然想到了台湾的周渝老先生说的一次喝茶经历。老人在一户人家喝茶，主人有些慌乱：哎呀，我家没有好茶呀！周渝先生说：茶都是好的啊。因为没有分别心，那天老人在这户人家喝到了最美好最通畅的一道茶，那份愉悦至今让先生难以忘怀。

干净到没有缺点的人，不如不见。这是周渝老先生的观点。古人有一个审美观：巧者为下，拙者为上。茶、茶器和人，是不是都是一样的道理呢？接受生活里的些许瑕疵，恰好是追求真正的完美吧。

这样想着时，我下意识看了看身边的爱人。他狐疑：又动了什么心思？我大笑：我的心思就是，以后不想再对你动任何心思。

三　夏至吃碗手擀面

冬至饺子夏至面，在传统习俗上一直如是。

婆婆是大家闺秀，在吃饭细节上从来不马虎，逢节日、节令，应该吃些什么，老人门儿清。

我在农村长大，田野里食材多多，随意采摘，入口即食，那些节节令令的，反而不觉得盛大，尤其是夏至这样的节令。

婚后第一年在婆家过夏至，我很是好奇：一顿面条，还能做出啥门道？

先是和面，还放了盐和鸡蛋，硬硬的一盆醒着。那时候，小城里已经可以压面条，当然也有挂面，但夏至的这顿面条，一定要手擀面，婆婆说味道不一样。在娘家，妈妈也是经常做手擀面的，这个也没啥稀罕。

关键的是配菜，可谓繁复。卤子要荤素两种：一是西红柿黑木耳鸡蛋，一是土豆山蘑肉丁。炸酱也是荤素两种：肉丁炸面酱、鸡蛋炒黄豆酱。豆类两种：黄豆和花生，放茴香籽煮好。麻酱要调得浓稠相宜，花椒油要比例合适。菜码儿一大溜儿：豆角段、黄瓜丝、胡萝卜丝、韭菜条、绿豆芽、火腿丝、苦瓜丝……直到把桌子摆得花花绿绿满满。

面醒好了，要反复揉。擀面条是个技术活儿，我是挨不上的，只能站在婆婆身边看老人用擀面杖一进一退擀着面皮，待面皮薄如蝉翼，放面粉一层一层折叠，然后用菜刀切得又细又匀，拽住一头儿随意一抖，细细长长的手擀面大功告成。每每这时候，我都会用极其敬佩的眼光看着婆婆，一点儿也不会介意老人日常的那些挑剔了。

这样的面条，在开水里滚上一个过儿，马上就要捞出，放在一个盛了凉水的盆子里，再一碗一碗盛出来。说是一碗，其实也就是少半碗，再拌上那些卤子、炸酱、菜码儿之类的，尖尖一大碗，一家人吃得酣畅淋漓、通体舒泰，每个人都能吃上两大碗。

在婆家日久，每到夏至，我都会特别想念那一碗凉面。唯独一样东西，是很多年才慢慢接受的，那就是作为菜码儿之一的苦瓜。

在农村，各种瓜类那是最不稀奇的——地里长的，院子里吊的，坑边叽里咕噜滚着的，都是各种各样的瓜。单是那些小瓜类，就品类多多：蔓瓜、脆瓜、水瓜蛋子、梨瓜、面瓜、甜瓜……小时候，我和伙伴儿们经常去地里偷瓜，看园人发现了会大声嚷嚷着追，我们跳跃着翻沟越坡跑，跑到无人处，已是大汗淋漓，拿出偷的瓜，在衣服上一抹，吭哧吭哧吃上一顿，甜的甜，脆的脆，那叫一个好吃。

这么多好吃的瓜，谁还会去吃苦瓜？更何况苦瓜样子丑丑，皮肤神似癞蛤蟆，还有一股怪怪的味道，有啥好吃？

每到夏至，看婆婆夹一大筷子苦瓜丝，拌了其他一起津津有味地吃，我都会感叹这个地主家大小姐独特的食味。

再以后，不知不觉的，我也接受了苦瓜，且慢慢喜欢上了它。那个时候，我已经知道了二十四节气文化，也略通养生，读懂了嵇康《养生论》“更宜调息静心，常如冰雪在心，炎热亦于吾心少减，不可以热为热，更生热矣”中心静自然凉的道理，也历经了人生的诸多滋味，更有意识地亲近了苦的东西，如苦菜、苦茶等等，并从中收获了诸多生命感悟。

大凡有苦味的东西，都可清热，苦瓜性寒，味苦，入心、肝经，有解热、祛暑、解乏的功效，素有“菜中君子”之称。苦瓜苦中带甘，略含清香，食之回味隽永，和茶又何其相似啊。

如今，当我往儿子碗里放一点儿苦瓜丝时，他也表现出我当年一样的嫌恶，我笑了。人体如四季，对食材的需求会有一种很本能的反应，什么季节吃什么菜，什么年纪喜欢什么，顺应即可，不必强求。

就像夏至到了，人体对大红袍的渴求，远远比不上一泡十来年的

蔬果丰收　吴昌硕

老生普，刚刚褪尽毛头小伙子般的冲劲儿，喝后通体舒畅清凉，那份感觉，就如同夏至日吃了一碗手擀凉面一样爽。

又是一年夏至，在一个节令里，念念不忘一碗手擀面，这就是中国人的文化。

小　暑

——小暑大暑正清和，荷花香风透凉阁

一候，温风至；二候，蟋蟀居壁；三候，鹰始鸷。

一　光阴的故事

小暑至，天气一天比一天热起来了。

早已习惯了在茶里觅清凉，当青林妮子说随缘订了周渝老先生的茶，期待泉城一聚，相约好茶时，我几乎是载欣载奔了。

青林从泰安，我从沧州，差不多同时抵达泉城老屯茶城“一葉”店。店面不大，布局很古朴，迎门一面透视墙，墙下一个古老的石槽内，几尾红鱼在水草间欢喜优游。漏窗上垂下细长的竹帘，若隐若显了室内格局。雕花的老门板上，挂了一把古琴。老榆木的茶橱和老门板做的货架上，摆满了紫砂壶和茶，其间装点，都是随缘在大明湖采摘后风干的荷花、荷叶和莲蓬。进屋在茶案落座，回看漏窗处，隐隐有苔藓、菖蒲和纤柔的文竹，隔开了门外的红尘，留住了一室清凉。

青林沿途剪了开着小红花的石榴枝和挂了小青果的柿子枝，随缘拿出他的那些日本老花瓶随性插花，都是自然、简洁的味道。一瞬间，整个屋子都鲜活起来了。

西子浣纱图　（五代）周文矩

青林起泡2000年的老班章生普，当然不是一般的好喝，喝这样的好茶时，我总是格外安静。老子说：“多言数穷，不如守中。”这款老茶，随缘就叫它“守中”。我守中喝茶，青林向我释放心中烦忧。她说茶为灵芽，植物尚此，为什么如今连孩子都木木。我有些哑然，这个问题有些沉重。古人崇尚的“天人合一”让人越发有灵性，今人的灵性却丧失在信仰的空白中。没有灵性，当然读不懂灵性，也不会相信世间万物皆有灵，并因此多了轻慢，少了尊重和靠近。

这样想时，那杯茶突然涩涩了，我诧异地看看青林小妮子，她正一脸的忧国忧民。我笑了：妮子，心里的苦涩泡到茶汤里了。随缘接下来泡茶，茶汤清亮，且越来越清亮，是一颗清亮的心，喝下去盏盏清亮，真是美妙。

在茶里浸润多年的随缘居士，喜欢给自己钟爱的每一款茶，起一个很老子的名字。这些名字当然不是一个随意的标签，和周渝老先生那些茶一样，名字都寄予了主人的心性、文化和人品。

随缘起泡另一款他钟爱的茶品“抱朴”，这是八年的生普洱，在大暑的日子喝上一杯，齿间回甘若汩汩泉流——甘冽，且有一种特别的香气。我抬眼看随缘，他说春天的西双版纳有一种树，长得很大，叫三角梅。茶里的这种香气，就是三角梅的香气。突然特别神往西双版纳，特别。

三角梅的香气，经过了八个年头，已经内化在了茶里，在一盏茶汤里，神往当年纯美的自然生态，和一丝不苟的工艺。追寻茶在时间里的变化，越发感觉好茶如同好的家族传承，根红苗才正。喝这样的茶，无异于与善人居。

壶里乾坤大，茶中日月长。与茶亲近的日子，我对人性也多了透悟。早先不懂茶，先看人，再喝茶；如今，先喝茶，再看人。早先，偶尔会看走眼人，茶可能也就不对了；如今，跟着身体的感觉走，茶对了，再看那人，也格外对。

一杯抱朴，人心守一，心无旁骛，喝出了时间，喝出了品质，

引路菩萨图　（唐）佚名

喝出了一个人的追求，人对茶用心，茶反过来润心，如此增上，岂不妙哉？

随缘起泡三十年的熟普洱小红印，这一直是我极其钟爱的一款茶。因为喜欢，曾经收藏过几饼；也因为喜欢，送了几个岁月至友一人一饼，仅存的一饼也迟迟舍不得打开。每次和随缘喝茶，他都会善解人意地泡一道小红印，每次，我都会沉迷在三十年的陈韵中不能自拔——在村居的老枣树下，在武夷山的天心岩寺，在“一葉”茶店里，那份迷人的岁月气息，会让我一下子想到旗袍，想到青花瓷，想到民国，想到老粗布，想到老屋子……

岁月深处的那些感觉，总是携带了丝丝清凉，让人沉静，让人遐想，最后，也都会在嘴角留下一抹浅笑 。

二　“一葉”茶缘

泰山普照寺的本愿师父，实在是一个极有品又极有趣的僧人。

本愿师一到泉城，就会找随缘喝茶。一落座，随缘问本愿师：喝什么茶？本愿师说：喝什么都行，反正你们家没有烂杏儿。我们一行人都笑了，气氛也融化了。

随缘打开刚刚订制的周渝先生的茶，这些茶自然价格不菲，为了彻透茶事，随缘舍得下本儿。他开茶的当儿，本愿师取下古琴轻轻试琴。

随缘起泡周渝先生2013年的生普洱——傲骨单青，这是头春采摘的茶芽，入口清冽，带了冰糖香，几杯下去，整个人松软得如同到了仙境，许是午后的原因，突然感觉困得不得了。我静静离开，在二楼的罗汉床上小眯，像是小醉，迷迷糊糊如一叶小舟漂洋过海，大概十多分钟，再回茶桌，随缘和本愿师等正在懒懒喝茶、小声说话，还是傲骨单青，那情景，宛若黄粱一梦。

本愿师感叹：这茶的胶质感这么强，要放个二三十年可不得了。

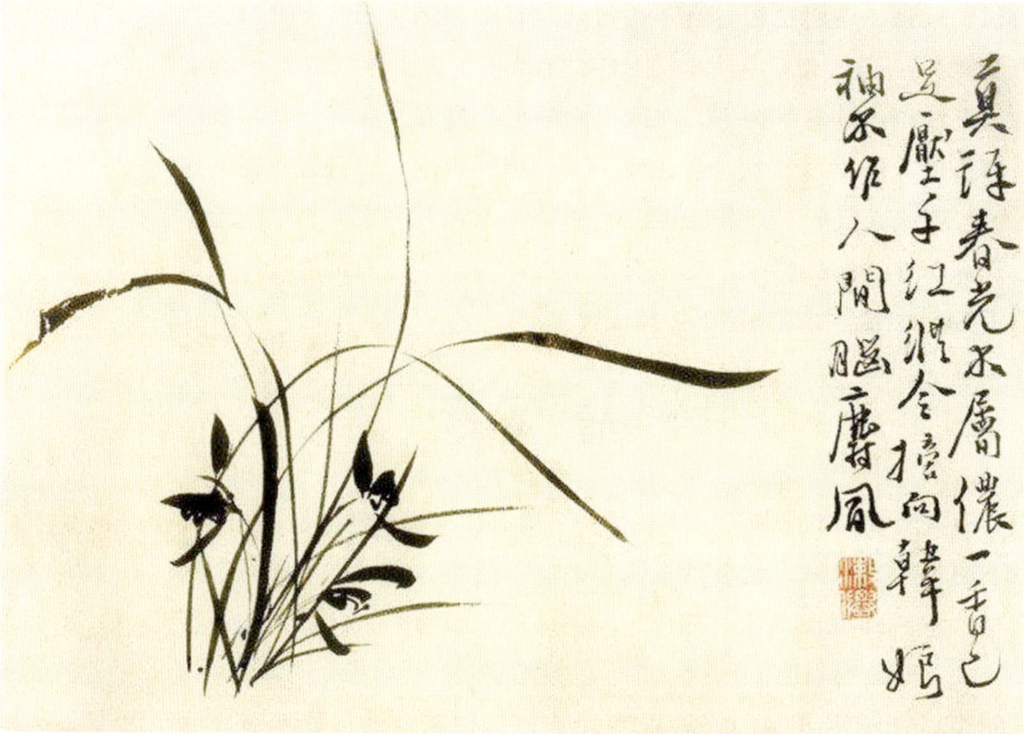

兰花图　（明）徐渭

随缘说：从茶的品质可以看出做茶人当时的状态。此时，周渝先生在台湾的紫藤庐已经做了四十年，傲骨单青，可算得上阶段性极品了。

接着喝“真人御风”，也是2013年生普，易武的古树多了一些野性，韵也极好，香气很丰富，同样是一款高品质的茶。

本愿师原本是要回泰山的，此时，师父身边的小徒悄声问：师父，我们还回不回啊？本愿师说：你傻啊？晚上有好茶！我们大家又都笑了。这样的师父，方外的清凉，和俗世的欢乐，了了无二，真是好。

周渝先生在四川成都讲茶文化时，有一个青年学子问先生：如何有情怀能挣钱还可以清静喝茶？这是一个很现实的问题，先生想了想，实实在在说：这个可能有点难，情怀和挣钱基本是不能并行的。

同样的问题我问师父，师父笑了：有自己喜欢的事儿，还能糊口，这就不错了。这就像俗世的欢乐和方外的清凉，看似极度矛盾，却又高度统一，关键是度。师父说，他最欣赏南方人的人际关系，疏朗，有空间，君子之交淡如水，喝茶也是一样，喜欢但是不黏着，喝茶就是愉悦的。

这也如同文字，语言其实是很苍白的，可很多时候我们又必须表达，这里面也有个度。现代的文章就是说的太多了，古代诗文是很含蓄的，表达有张力，所以就像好茶一样耐品。师父说他很喜欢读季羡林，他的文字疏疏淡淡却极有味道，真的是“纵浪大化中，不喜亦不惧”。

不知不觉，晚餐时间到了，师父对身边的俗家小徒弟说：你自己去吃烤肉吧。我讶然。师父说：让一个正发育的孩子食素，就如同和三岁的孩子谈人生，这也有一个度啊。我一下子喜欢上了这个师父，我想没有人会不喜欢。

整个晚上，喝的都是周渝先生的老茶，这样的福分，对一个爱茶的人而言是个大缘分。随缘说：遇见了，好好喝上一盏，就是惜缘。

先是喝2005年的“太和”，有浓郁的梅子香；再喝2006年的“龙

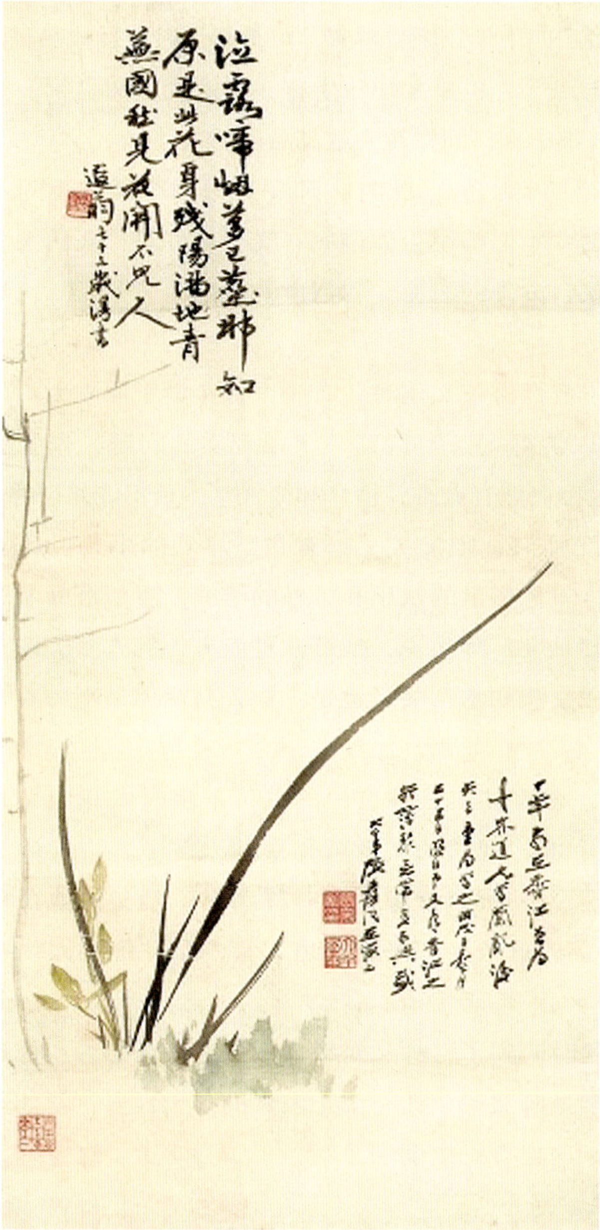

兰花图　张大千

帕山”，味道极纯，细腻而幽淡，回甘汹涌，却绵柔平和，茶汤如蜂蜜似果汁，极有劲却让人轻松无比，连汗水都是通透的。生态、山场决定了茶好的品质，有内在的品质，当然会有悠长的韵，这个道理和人一样的。

好的东西放在一起一定是有审美疲劳的，再喝2003年的“紫印”，竟然感觉平平；接下来的易武“鱻茶”，这款老黄片，有黄金水印尾水的感觉。最后登场的是20世纪60年代的老茶——昊天厚土，我喝得身和心都热热。这一杯和我同龄的茶，在这个夜晚陪伴了我，茶汤清亮，茶韵厚重，带了《诗经》里的泥土香，在岁月的老气息里，我再次找到了源头的干净、天然和朴实，和历经岁月后，更为纯粹的干净、天然和朴实。

在“一葉”喝茶的这个夜晚，我从当下走回岁月深处，亦从当下走向岁月深处。

三　茶遇上了面包和辣椒炒肉

一大早，随缘在云南做的茶饼“见真”和“垕玉”到了。包装题字，是本愿师极漂亮的隶书。这两款古树纯料茶，内在品质本就不一般，再有师父加持，真是茶客的福分。

更有意思的是，今日将有两位远方朋友来找随缘和青林喝茶：一个是做面包的大美女，一个是做辣椒炒肉的帅厨哥。茶遇上了面包和辣椒炒肉，这是个怎样的缘分呢？我乐了。

做面包的美女先进屋，青林和我讲过她的故事和追求，我知道她是当地一个极有工匠精神的女面点师。“如果面包是一种信仰，我愿意做它的传教士。”这是她始终如一的追求。

辣椒炒肉帅厨哥，带来了一屋子人，都是喜欢茶的。他的性格也像辣椒炒肉一样火爆，既豪爽又热情，言谈极为幽默，小屋子里时时有大笑声。

荷花　（清）石涛

随缘和帅厨哥是在一次茶会上认识的。帅厨哥在当地小有名气，他师从中国烹饪大师、亚洲大厨、中国鲁菜非物质文化遗产传承人屈浩先生，不但把一家餐馆经营得风生水起，而且深得齐鲁儒风精髓，做人极好。

“参加茶会时，我就知道随缘的茶好喝，且贵。打了三五年的交道，我折服了，因为我发现随缘不是卖茶的，他是传道的。”帅厨哥连比画带说，我们又都笑了。

我真正明白这些人走到一起的原因了，茶也好，面包、辣椒炒肉也罢，追求其内在的品质，是良知，也是道。只要良知在，世间所有的一切，都是道的载体。谈笑间，我莫名肃然起敬。

随缘起泡刚刚从彩云之南抵达泉城的“见真”和“亶玉”。这两款茶的散茶，我在小城都喝过。“见真”是2016年的一百年大树茶，干净、清香，投茶三点五克，十几泡十几人喝，那份清甜还在。“亶玉”是同年的千年古树茶，自然厚重，香气也更浓。“见真”的清爽在喉胸一条线上，“亶玉”则把胸腔都打开了，汗也出来了。千年古树茶“亶玉”，香气很清雅，但不绝如缕，其厚度恰在于不绝如缕。随缘感叹：真希望百年之后，人们还能找到这份纯正。皇天后土，如若人人敬畏感恩，纯正会一直在的。我想。

今日诸友一起品本愿师题字的“见真”和“亶玉”茶饼，那又是一番好滋味了。

好茶就是好茶，连香气都是透明的，且茶气极明显，茶汤在口，味蕾全部被激活了，唇齿间也似泉清凉，如沐夜晚的习习清风。

大家都不说话，只沉浸在身体的美妙感觉中。帅厨哥啧啧：茶和厨艺，都是修行啊。帅厨哥当年极其狂傲，师父屈浩看出他是个好苗子，有意收他为徒，他还不屑于此，放言：让我拜师？我都想自己收徒弟了！屈浩毕竟大师范儿，只笑笑说：有师父知深浅，有对手知高低。从此，拜了师的帅厨哥入了道门。

起初喝茶，帅厨哥同样不把随缘当大师，只是偶尔一起喝喝茶，直到有一天突然发现自己会喝茶了，也会泡茶了，他才正眼看随缘，这一眼把随缘看正了，日后越看人越正。

把面包当信仰的美女在茶里找着了面包的品质，用辣椒炒肉传递齐鲁儒风的帅厨哥在茶里找着了饮食的真味，随缘用一款茶的命名说出真谛——见真。原来想叫“自在”的，但很多人喝茶刚刚入门，是不容易一下子自在的。改名“见真”，就是想让人们从一杯茶里找到干净，找到人伦，找到自然的气息，从而去热爱自然，保护自然，遵循自然大道。

这不正是一切的源头吗?

大　暑

——眼前无长物，窗下有清风

一候，腐草化为萤；二候，土润溽暑；三候，大雨时行。

一　无处不是清凉

河北大学出版社在新校区，大暑时节，校园里一片清寂，绿色的草坪，高大的梧桐，环楼皆是开了紫色花朵的木槿，一切都是疏阔、齐洁的。我和一鸣先生徐徐行走在浓荫蔽日的校园小径，就连蝉的鸣叫声，似乎也带了大树的清凉。

一鸣是出版社出色的人文编辑，有很浓的文化情结，自茶文化散文《茶亦醉人何必酒》的第一次合作，我们已经成了心灵至友。也因为彼此欣赏，才有了盐文化散文《百味之祖——行走在盐的世界》的又一次合作。

午时，我们一同走进河北大学对面的卓正大酒店用餐。这是白洋淀风格的一个五星级酒店，其间布置，俱是荷叶、荷花、莲蓬等白洋淀元素，一鸣说这家酒店是白洋淀荷花大观园的主人经营的。那个大观园我几次去过，行走其间，荷叶田田，莲花过人头，越是大暑时节，荷花开得越是清丽可人，似是有无上清凉。主人如此品位，这家酒店自然不会差，否则我和一鸣宁可找个小店去吃正宗的驴肉火烧。

墨荷　张大千

我们两个，都酷爱那些地方文化风味。

落座，我拿出随缘的“见真”茶饼送一鸣，顺便拿出一小包大红袍，交给服务员去冲泡。大暑，是一年里最湿热的日子，喝点儿岩茶，除除体内湿气，反而最适宜。这包大红袍，是武夷山国家级非物质文化遗产大红袍传统制作技艺的传承人陈孝文做的，那是个极有工匠精神的年轻人，安静、仁厚，人和茶一样好。

酒店的冲泡自然不讲究，一把瓷壶，水温了了的地方水，两只白瓷杯子，我和一鸣一人倒了一杯。“这大红袍真是好喝啊！”一鸣端起杯子喝了一口，随之啧啧赞叹。我也喝了一口，平时在家我都是用千岛湖的农夫山泉水冲泡，没承想这么随意一泡，香气竟然也是让人惊喜。虽说水比茶更重要，但好茶的内在品质，在随意一泡中，更见了风神。

一鸣是有点儿酒量的，但是有了好茶，我们谁也不想动酒了。几样白洋淀风味的菜一一上来了。凉拌荷芽、荷芽疙瘩汤，都是我点的。白洋淀里那些像小手卷一样韵味的出水荷芽，采摘后随意一切，拌上野葱花儿和白醋、芝麻油，就是一盘精致的消夏凉菜。而那疙瘩汤的做法尤佳，酸酸的凉凉的汤，小巧劲道的面籴籴儿，随意点染的嫩绿荷芽，吃上去感觉好好。随之，轻腌大雁蛋、拔丝莲子、素炒藕片，都带了白洋淀的气息上来了。一鸣非要点一个金毛狮子鱼，服务员说大概需要一个多小时才能做好，一鸣坚持，他说那种色泽配大红袍，才算不委屈。

一边喝着大红袍，一边吃着白洋淀，一边清清爽爽说话，我和一鸣都很受用。起初写那本茶文化散文，我们都很阳春白雪，那茶，更多是“琴棋书画诗酒茶”里的茶。五年过去了，我们眼里的文化，越来越生活化，寻常的日子，在我们眼里也都是文化，我们都越来越爱这带了泥土香烟火味的文化了。好的朋友，一路相偕，多少年过去了，依然心念一体，这有多欢喜？

至友，自然也是不用寒暄，一丝泥水也不带，我和一鸣就分开了。

我匆匆去济南，武夷山一行的朋友们，聚在随缘的“一葉”茶店等我喝老茶。新月初上时，我赶到武夷人家酒楼，随缘拿出了典藏茅台酒，我抿了一口，说：入口霸烈，瞬间化为绕指柔，是那款老茶“守中”的感觉。大家笑。

二　送别

济南雨汛前，我到了青岛，不是为了看海，我是来送别远渡彼岸的小妹的。我只给她带了一饼古树茶，打开牛皮纸袋，小妹欢天喜地，“一葉见真。”“一葉”是随缘茶庄名号，“见真”是他的古树作品，小妹这么一念，倒是别有意蕴。

我和小妹的相识，就是“一葉见真”。六年前青岛海边飘雪日子里的那个红茶会，是我们的缘。跳芭蕾舞的小妹，身材极好，长相极佳，灵性极足，善良，大气，笑起来和阳光、空气一样明朗通透。当然，我最欣赏她的地方，是孝顺。小妹的母亲和父亲十年里相继去世，小妹的小妹一直在国外，小妹放弃了经营得风生水起的企业，悉心服侍老人，让老人临终前了无遗憾。

去年的大暑时节，她来到我所在的小城，我们天天喝古树茶，喝古人留下的消暑古方三豆（黑豆、绿豆、红豆）汤。然后一起去我的农村老家，看金黄的油菜花，看紫色的苜蓿花，就连路边那些苦菜花、蒲公英花，都让活泼的小妹留下了一路的惊叹号。

在我家村头那棵倾斜的老柳树下，有几个小女孩儿正唱《拍手歌》，小妹蹦蹦跳跳过去，一屁股坐在老树下，兴高采烈地参与进去。一会儿工夫，《拍手歌》的内容就转成了《夏九九歌》：

夏至入头九，羽扇握在手；
二九一十八，脱冠着罗纱；
三九二十七，出门汗欲滴；
四九三十六，卷席露天宿；

疏池暗香　张大千

五九四十五，炎秋似老虎；
六九五十四，乘凉进庙祠；
七九六十三，床头摸被单；
八九七十二，子夜寻棉被；
九九八十一，开柜拿棉衣。

我也数了数，大暑时节恰是夏三九，对应冬三九，正是一年热至极处。

大暑三候，大雨时行，我和小妹在屋内说话，屋外的雨像情绪化的孩子，一会儿倾盆，一会儿开怀；屋内的小妹，一派天然，亦是如是。小妹的小妹查出疾病，小妹义无反顾去国外照顾小妹和孩子，这样的情愫，自然见真，小妹只把心底情绪，在我面前宣泄。我什么也不说，只把一心的怜惜，放在眼里。

去岁秋日，我和爱人专程到青岛看过小妹。小妹一身老背面，传统又时尚，真真民族得可以。背山面海的那个居所，更是让小妹收拾得处处精致，爱人说那是中华文化的品位。那个夜晚，我和小妹坐在临窗的小茶案前，喝老班章，穿手串儿，掏心掏肺聊天，现在想来，似在昨日。

小妹的家世很好，个人素养极高，身上有齐鲁之风，中华文化的印记也很深。她的生活细节，随处可见文化熏染。大暑时节，她喝私人收藏的凤凰红茶，餐桌上必备秋葵，或凉拌或蘸酱，这可是一种除湿气的节令传统食材。青岛的蛤蜊很有名气，这个时节吃，小妹放了多多的红辣椒。鲜美的冬瓜羊肉汤，更是大暑最宜：冬瓜带皮煮，利尿消暑；羊肉滋阴，历来是南北皆宜的饮食文化习俗。这些节气文化，都会随着节令不动声色地摆在小妹家的餐桌上。

饭毕，雨停了，山上凉爽如秋，我和小妹贪着喝茶聊天，都不想出屋。浴罢，窗外似有弯月在天，阳台的茉莉花开得正旺相，满室都是花香。小妹端上了粉粉嫩嫩的鲜荔枝，那是她南方的好友含露采摘后空运过来的，小妹把荔枝泡在青岛的崂山山泉里，我来了，她用白瓷盘盛满，端给我吃，说大暑吃荔枝，有人参的滋养效果。

夜已深深，这个东方的夜晚，这个文化的夜晚，让每一个中国人的心底，都多了一份温婉和雅致。

我相信，即将走向彼岸的小妹，会把东方茉莉花的气息，以及中华茶文化的气息，在举手投足间，在每一个简素的日子，传递出去。“一葉”见真。

三　初伏的记忆

今日大暑，在河北大学工作的小足姐回乡，我约了几个同学，在我家包饺子。

越来越不喜欢在外面吃饭了，发小儿聚会，总喜欢聚在一起包饺子，一则享受过程之美，二则喜欢大家围在一起吃饺子的好感觉。中国人的喜庆和团圆，总是离不开饺子，比如娶媳妇儿吃饺子面儿，比

书画册　张大千　冰心　刘海粟等

如大年三十晚上必不可少的素饺子。

格外让人高兴的是，在天津军医院已经成为业内专家的云儿姐也赶回来了，她当然也是奔了三十年前那份极纯粹的感情而来。我们共同的记忆，都在最美的少女时代，所以大家什么年纪聚在一起，都是一样年轻。

五十岁的女人，不再说美容和穿衣；健康和养生，很无奈地让人不得不重视。云儿姐耐心解答姐妹们的诸多健康问题，想想当初我们这些村妞一起在村子里皮皮实实长大的日子，我有些小心酸。

健康都去哪儿了？小时候的蓝天白云都去哪儿了？田野里那些原生态的食材都去哪儿了？口渴了随意一条水沟都可以饮水的酣畅都去哪儿了？我们满地里撒欢儿的快乐都去哪儿了？

如今，就连和我们生活息息相关的二十四节气，都快被时间遗忘成了古董，我们中国人“天人合一”的智慧，也已经在寻常生活的节律之外了。

好在，我们还有记忆。记忆里，尽是美好。

正是大暑时节，大家自然谈到了小时候过初伏。古人有谚云：头伏饺子二伏面，三伏烙饼卷鸡蛋。在我的老家，初伏却是要吃凉面的。老家临海，土地都是退海地，所以无论年头多么干旱都不能用水浇，因为越浇地越碱，只能靠天吃饭，麦子的产量也就极低。但是自然生态下生长的麦子却是好吃得很，老家有两样面食是非物质文化遗产：一个是黄骅面花，一个是后街吊炉烧饼。

初伏的面条，也甚是讲究。面一定要是手擀面，拌面条的麻酱是村后的人家用传统工艺磨制的，香得纯正。蒜也是必不可少的，而且一定要用家里的石臼蒜罐子砸成黏黏的蒜汁。最讲究的还是卤子，食材一定要是村子瓜地里新摘下的老蔓瓜，一切两半挖去瓜瓤，再粗粗地切成半月状，炒好放水，浇上打碎的土鸡蛋，绿是绿，黄是黄，原汁原味。摘瓜时，顺便捎上两棵顶花的嫩蔓瓜，不用去瓤切成细丝，做菜码儿。吃面时，父母喜欢吃热面，我们几个孩子喜欢吃过水冷

春郊试马图　张大千

面，大人孩子，每个人都能吃上两大碗。

老家的初伏，过得像河北梆子一样，起句高亢酣畅，尾音余韵绕梁。吃完初伏面，孩子们便可以理直气壮地去池塘洗澡了。村边的池塘，周围都是老柳树，水底硬硬，虽是雨季，水也并不深，是孩子们消夏的好去处。初伏洗澡，每个孩子手里都会攥着一个水瓜蛋子，当然也是村后瓜地生长的——圆圆的，青绿青绿的，挂了一层小绒毛，咬上一口，清香、脆嫩，是我们少时的最爱。在池塘洗澡，孩子们轻易舍不得一下子吃掉水瓜蛋子，远远地扔出去，再青蛙一样游过去抓住，如此反复，快乐也在持续。游累了，水瓜蛋子也在水中泡得清凉，一身湿漉漉地坐在池塘边老柳树下，伴着蝉鸣大口大口吃水瓜，最是享受。

初伏的晚餐，每个人的面前，必有一碗麦粒绿豆粥。中午大锅里煮面条的面汤，随后放进泡好的新麦粒和绿豆，就着灶里底火焖上一下午，到了晚上喝下去，那又是另外一种享受。进了伏天，夜晚的小院成了天堂。一家人坐在草苫子上，大人用泡好的麦秆儿掐辫子，孩子们或在灯下抓壁虎，或偎在大人身边听故事，一只蚊子也没有，满天都是小星星，乡村的夜晚好静啊。夜深了，大人孩子都凉快透了，进屋睡觉，一觉到天明。

追忆往事，大家一起重拾了旧日的美好，不知不觉饺子也上桌了——韭菜三鲜、黄菜鸡蛋。一盆子煮蛤蜊，大家抢着吃，一边吃着，一边又说起了小时候在家乡的小河挖蛤蜊。

那条小河，我前日回老家去看过，水甚少，满河都是绿草，一个人也没有，桥下有人下了挂网子，独自孤寂。

也许，在我们的记忆里，乡愁就是那一河的孤寂。

秋

在二十四节气里细数日子

松溪横笛图　（明）仇英

立　秋

——夜茶一两杓，秋吟三数声

一候，凉风至；二候，白露降；三候，寒蝉鸣。

一　七夕

节气，似乎就是一个承诺，前两日明明还是黏黏的暑热，立秋了，天气突然转为爽爽的凉，明天就是七夕了，那雨就一直淅淅沥沥告诉你。

我是喜欢极了这样的秋雨，那雨声，像是大自然的咏叹调，深情款款地陪伴着你。这样的天气，适合读书，适合喝茶，适合把大段时光留白静坐。我泡上一壶十五年的老普洱，听雨，听时光。

此时，报社七夕节约稿的讯息不合时宜地到了，是从“中国情人节”上做文章的。七夕节，不是传统的乞巧节吗？传统里的这一天晚上，待字闺中的女儿，要摆上西瓜、甜瓜等，向织女祈求一双灵慧的巧手，如果谁能反手把线穿到针孔中，那就一定是被织女钟情了。

记得小时候，老家院子里有一挂葡萄架，七夕的晚上，我和几个伙伴儿玩过这个游戏，我一次也没把线穿过针孔，葡萄倒是吃了不少。一直不是巧手女，却是一个永远的吃货，想想也是不错。也曾经在下雨的葡萄架下偷偷聆听牛郎织女的情话，除了雨声和虫唱，什么也没有听到。但是，那个有牛郎织女鹊桥会故事的七夕节，在记忆里永远有别于每一个寻常的日子，也许那份不同，就是有情。

十五年的老茶已经醇厚得很，有老的味道，有特别的甜。这样的日子，当初那些无滋无味的旧事，经过岁月的发酵，竟然也带了老普洱的香醇。此时，在北京的儿子发来他写的小文，一看开头，我就笑了：是报社让孩子写给父母的七夕节祝福短文。

他们和我们

爸爸坦言说：妈妈是他骗来的。每次说起都一脸得意，仿佛捡了很大的便宜。妈妈则是一脸的无辜，说爸爸怎么死缠烂打甚至贿赂了当时是他学生的三姨、老姨，最终一分彩礼也没花就把妈妈娶回了家。婚后爸妈租了三间土房子过起了小日子，我就是在土房子里出生的。

爸爸妈妈结婚证的照片也很有意思，是两张一寸的黑白照片贴在一起的。有一张照片贴反了，爸爸妈妈背着脸。我看了后哈哈大笑，妈妈说结婚证也是骗来的，因为妈妈不到法定结婚年龄，爸爸就独自去了民政局，找了他的一个小哥们儿，一人一个手印摁下了。妈妈就这样被结婚了。

据说婚后妈妈委屈了很多年，估计那些年爸爸也不会怎么舒坦。但自从我出生，他们也就一心一意地过起了日子，看我这么阳光灿烂的性格，也可以想见他们之间的和谐。偶尔不和谐，他们一定不会让我看见。

和谐归和谐，其实爸爸妈妈是很不一样的。爸爸尚武，耿介、急躁，说话从不会拐弯抹角；妈妈喜文，安静、内涵，几乎是沉默如金。也许是很好的互补吧，或者是“君子和而不同”，反正几十年里，他们把我和日子都经营得风生水起。

我和媳妇儿自小学就同窗，大二时我们正式恋爱，爸妈一直支

并蒂合欢图　张大千

持，我们婚恋的路也就顺风顺水。妈妈是文化散文作家，我们家一直很传统很文化，我的婚礼也是简约而隆重的中式婚礼，我和媳妇儿也就很自然地进入了这种很中国的家庭模式。除夕夜我和媳妇儿给爸妈磕头，然后奉上了一个大大的红包，妈妈笑开了花儿，随之眼里也点点泪花。

妈妈爱干净，家里收拾得也有品位，结婚前，我总觉得媳妇儿虽然精灵，但有些邋遢，不会赶得上妈妈。装修房子时，媳妇儿坚持一点一滴都要自己操心，我虽然支持，但心里隐隐觉得品位一定不及妈妈。没承想装修后爸妈赞不绝口，说媳妇儿的审美简约大气，一出手就比他们强。看来老话没有错说的，娶个媳妇儿就是抱婆脚啊。

我们新婚后不久，爸爸妈妈也庆祝了三十周年结婚纪念日，那一天，他们还喝了为我们新婚收藏的十五年老普洱茶砖。我和媳妇儿在微信上发表了一个态度：我们新婚，他们珍珠婚，是纪念，也是传承。

其实，我们最大的愿望，就是能传承他们。

我无语，端起一杯老普洱，眼里蓦然升起一帘烟雨。屋外雨潺潺，活在节令里，活在自然中，活在时光里，吾心安顿处，只在当下。

二　大红袍伴他去西藏

援藏的兄弟回乡，我把他请到我的小茶室，为他泡了一壶孝文做的大红袍。

兄弟去的是西藏的阿里，那里海拔四千五百米，景色壮美，人却是极其寂寞。“大脑永远缺氧。”兄弟淡淡笑着调侃。兄弟说一些年轻人到了阿里，住院调理一个月，才略微能适应高原反应。而兄弟真的已经不算年轻了。“生存如此艰难，还要坚持工作，熬的是日子，不是媒体说的情怀。”兄弟一直这么实在。

兄弟已经在西藏生活了两年，因为表现突出，当地政府强烈要求他继续援藏，于是他又续签了三年。“三年，一晃也就过去了。”兄弟还是淡淡地说。兄弟回乡，媒体曾很火爆地炒作他，说他是坚守藏地的格桑花。兄弟当然不会烧昏了头，他的内心，有本原的善良和世俗的需求，无论在哪里，都能不昧良心做事，他就是一个好人。

当兄弟在小茶室坐定，没有一丁点儿的选择性障碍，我从诸多茶品里拿出了大红袍——陈孝文做的大红袍。这个武夷山几代世家的大红袍传人，也是这么实在的一个人，也有本原的善良和世俗的需求，却一直不昧良心地笃定行走。好人做的好茶，当然要给好人喝。

好人之间的气息一直都是相通的。当陈孝文十年前被评为岩茶制作工艺首批国家级非物质文化遗产传承人的时候，随缘就看好了这个二十四岁的年轻人，孝文第一次参与武夷山民间斗茶赛的金奖茶，随缘全部收藏封存，他们相约十年后一起开启品尝。立秋的前两天，随缘去了武夷山，赴那个十年之约了。

我的大红袍，都是做了陈孝文的茶知己的随缘送我的。他送我，我送人；他不断送我，我不断送人。立夏时节，我随同随缘一行去了武夷山，游览了童话一般的茶山，参观了岩茶的制作流程，了解了孝文的家世和他的人，我突然再也舍不得送人了。

我没有去过西藏。在美丽的青海湖边，当我折服于蓝天白云下湖水绿宝石般的澄澈，当我欢喜于大朵的白云和连绵的青山静静地厮守，当我沉醉于绿草地上遍野的蒙古包和安详吃草的白山羊黑牦牛，我突发高原反应，那种感觉随时都会死去的恐惧，瞬间淹没了世间所有的美丽和感动。活着，是那一刻唯一的信仰。青海湖的海拔是三千一百米到三千三百米之间，这和海拔四千五百米的阿里，不是一个概念。

我和兄弟静静喝茶，我不想去追问兄弟在西藏生活得怎么样。我想起了一句歌词：倘若我心中的山水，你眼中都看到，我便一步一莲花祈祷。没有身临其境，就谈不上感同身受，无言陪伴，也许恰是最

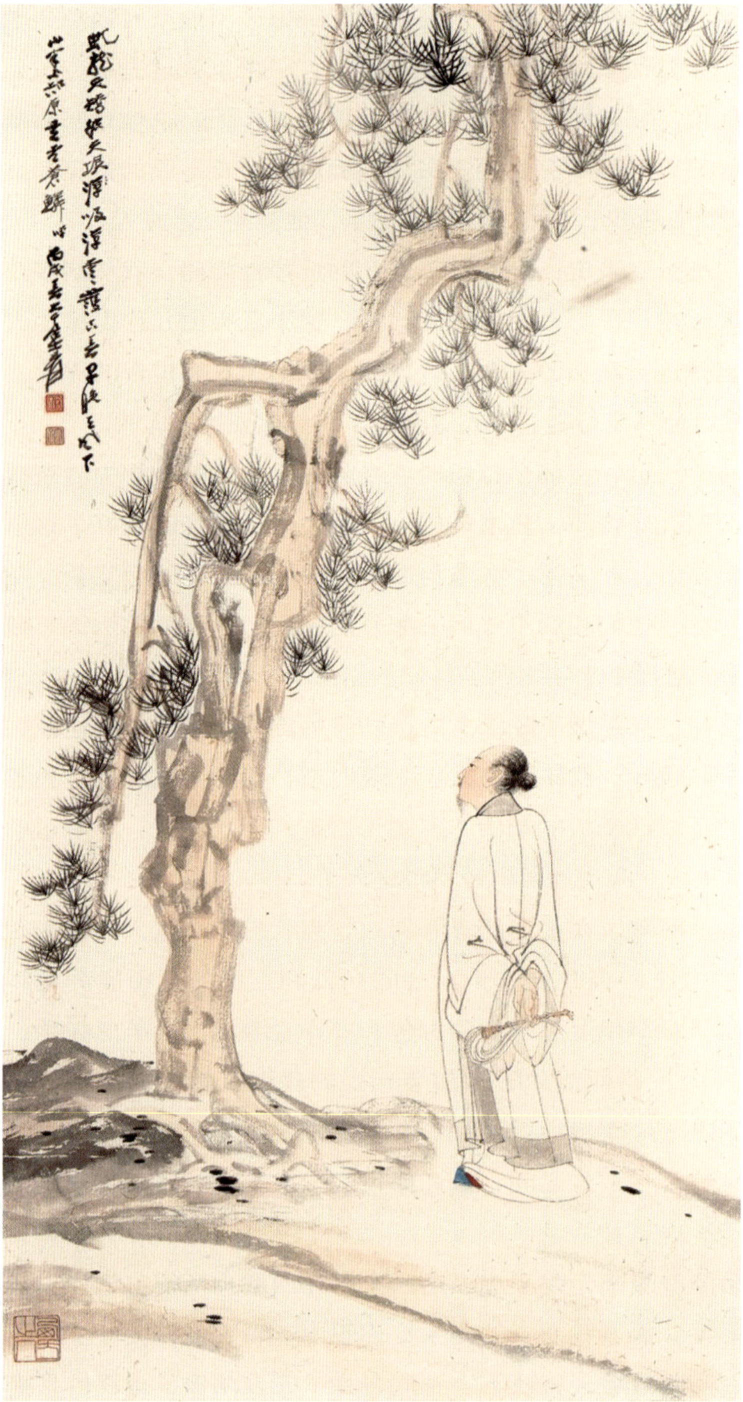

高士 张大千

好的表达。

兄弟啧啧赞叹着大红袍的好味道，也散散淡淡谈到西藏：说牧区的藏民教训不听话的孩子，最有杀伤力的一句话就是“再不好好放羊，送你去学校”；说在藏区有钱的吃菜没钱的吃肉；说藏民随时随地都会酣畅淋漓地跳起欢快的锅庄舞；说藏地淳朴的民风和人们眼底雪山一样的干净；说喜马拉雅山的壮美和雅鲁藏布江的雄浑；也说漫漫长夜里小虫一样吞噬着人心的寂寞。

兄弟说得天高云淡，我听得波涛汹涌，淡和浓，最终都化在了大红袍的茶汤里。

我想起了大味必淡。兄弟的淡，自然是经历后的淡，那么，那些大味是什么？只有兄弟“如鱼饮水，冷暖自知”了。

兄弟要走了，我把家里的大红袍都送了他，爱人看了我一眼。等兄弟走远，爱人小有不满，“不是说大红袍不再送人了吗？”我笑了，“你去援藏，我送你一座武夷山。”

三　一瓶老茅台

老话说：早立秋，冷飕飕；晚立秋，热死牛。今年立秋时间早，再加上连绵了两日秋雨，那些被溽热压住了的心思，一下子被秋风吹开了。

随缘和青林从武夷山回来，除了茶知己那款十年之约的老岩茶，还带回了1988年的老水仙，青林采摘了紫阳书院湖水中的荷花做了荷花岩茶，还有一瓶1987年的茅台老酒。青林告诉我：随缘老师说你来了我们一起喝。

爱人一直心仪齐鲁文化。我所在的小城，春秋时属齐地，爱人的齐氏姓，就是姜尚封齐地后的赐姓。天气凉爽了，他说想去临淄访齐国国都，顺便看一下天下第一州——青州，正好一路去泉城看看随缘和青林。

空山长啸图　（明）唐寅

抵达泉城，已是傍晚，依然小聚在武夷人家，青林点了一桌子武夷山特色——肚包鸡不能少，红烧野猪肉一定要上，还有竹木耳等等一系列，说是要给大家贴秋膘。当然了，隆重登场的，还是那瓶1987年的茅台老酒。

在场的，除了我和爱人，都是随缘的爱徒，不分大小，人人有份。酒一出瓶，岁月就流出来了，封存了三十年的酱香，像拍打海岸的波浪一样，一层一层连绵不绝地沁入身心。酒分完，七个高脚杯，每个都带了一圈漂亮的酒花儿，如同七串晶莹的珍珠。每个人都深嗅，酒没入口，都已微醺；抿上一小口，香和醇一个细胞一个细胞渗透；一抿再抿，那份深层次的欢喜就一直微醺，一直微醺……

忍不住在朋友圈嘚瑟，有内行的朋友惊叹：一瓶几万啊，好境界！那酒可以用三四斤新茅台兑在一起喝啊！我问随缘，随缘淡淡点头，原来他什么都懂。我且淡然饮之吧，那不是酒，亦不是钱，是一生微醺的情义。

席间，随缘讲了这瓶茅台酒的故事，他说是一碗面的故事。

20世纪80年代，武夷山天心岩村岩茶村办工厂的厂长，就是陈孝文的父亲陈墩水先生。那个年代，糊口尚是问题，哪有人喝得起大红袍？陈墩水咬咬牙，买了两箱茅台酒，准备去经济发达一些的厦门开辟市场，那时茅台酒八元钱一瓶。到了厦门，陈墩水先生和同行的人商量：如果对方能上两个菜，我们就把茅台酒放下；如果仅仅上一碗面条，酒就带回家。那时都穷啊，对方上两个菜还真有压力，就给陈墩水先生一行每人上了一碗面条，茅台酒就这样又被带回了武夷山。

到了2016年，茅台酒仅剩了两瓶，为了纪念随缘和陈孝文的那个十年之约，打开了其中一瓶。不过孝文一直不喝酒，随缘又舍不得多喝，他只倒了小半杯，剩下的封蜡带回泉城。刚下飞机，随缘立马给我电话：“姐，十年之约的茶我带回来了，几十年的老水仙我带回来了，1987年的老酒我带回来了。你不来，我们不喝。”

我当然高兴，但没有激动。岁月，日渐把我发酵成了一款老茶、一瓶老酒，我会一直微醺，会淡淡地刻下一个很深的生命印记，会把一份情义像轻轻的海浪一样连绵不绝地轻吟低唱，但是，永远不会激情澎湃。那瓶酒的故事，与其说是一碗面条的故事，毋宁说是武夷山大红袍的故事，我认为。

回到随缘的“一葉”茶店，喝20世纪60年代的“昊天厚土”和“引古”：一款是“致虚极，守静笃”；一款是“虚其心，实其腹”，是随缘，但只有爱茶懂茶的人，才知道这都是难得的大缘分，是一期一会，但更多的人，一期也不会。这样的茶，和那样的酒，都是人间大情分。

老酒把人的欢喜一点儿一点儿释放，老茶又把那些欢喜一点儿一点儿收回。欢喜一样的多，不盈也不溢。微醺，微喜，这个夜晚，那份欣悦是有韵的，如兰花一样若有若无，连绵悠长。

处　暑

——露蝉声渐咽，秋日景初微

一候，鹰乃祭鸟；二候，天地始肃；三候，禾乃登。

一　荷花岩茶

今日处暑，秋风应了节令，舒舒爽爽地穿透了人心，好一个清凉的世界。

晨读白居易《早秋曲江感怀》诗：“离离暑云散，袅袅凉风起。池上秋又来，荷花半成子。朱颜易销歇，白日无穷已。”想想暑日里给人无上清凉的荷花，自今日朱颜渐陨，心中滋味，悲喜参半。

我是极爱荷花的，“华北明珠”白洋淀我年年一去再去，和那些荷花总也亲不够。沈三白的《浮生六记》中那个魅女子秋芸，也是极爱荷花的。夏日，姑苏城外沧浪亭畔的荷花初开，晚含而晓放，秋芸用小纱囊撮茶叶少许，置于花心，茶之洁得遇荷之洁。第二天早，茶吸足了荷花盛开时饱满的气息，取出，烹天泉水泡之，香韵最是突出。

女儿曼妙的心事，总要有个安放处。就如同小女孩儿大都喜欢染指甲的凤仙花，爱茶的女子，无一不向往荷花茶。一水间女才子王迎新在北京暑期的茶课上，还专门从白洋淀采摘了荷花，教学生做荷花

莲塘仕女　张大千

茶呢。

青林妮子，本就是个晶莹剔透的灵女子，也爱极了世间一切精灵。茶是灵芽，荷是灵花，都吸纳了天地精华之气，作为一个爱茶又爱荷的灵女子，她自然不会错过这样的尝试。

生活于泰山脚下的青林，做荷花茶的格局也和其他女子不同：她采摘的荷花，生长于武夷山隐屏峰下，朱熹讲学十年之久的武夷精舍旁的湖水中；做荷花茶的茶，是孝文做的水仙和肉桂；陪伴的人，一个是茶界号称“刘一壶”的随缘居士，一个是国家级非物质文化遗产岩茶制作工艺的传承人陈孝文。

陪伴属于无奈，随缘和孝文实在是不想拂逆了这个小妮子的热情，青林去采荷花，两个人就坐在湖边的一棵古树下闲聊、打盹儿。秋芸做荷花茶，是选择荷花“晚含而晓放”的生命态势，在荷花自然生长的状态下完成茶的制作。青林做荷花茶，是不能满足这个需求的，就连那荷花，也是要从看护人的手里买得，六元一只，青林买了六只。水仙和肉桂，早已散在一起，干脆就掺和一块儿。用白纱布一一包好了六袋茶，轻轻拨开含苞的荷花，把茶叶布袋装进去，然后用棉线松松缠缚，茶便在荷花瓣里安宁地熏染着荷的幽香。

茶在荷花里的时间要酌情而定，少则一天多则三天，要看是什么茶品。如果是红茶，时间可以久一些，茶的火气和荷花的清凉之气中和，茶香也更幽。青林用的茶，是正岩的水仙和肉桂，哪一种单独品都是极品，用来做荷花茶会不会画蛇添足还真不好说。不过用朱熹门前荷花，和武夷少主孝文家的岩茶，极品组合成荷花茶，那茶也不会让人失望吧。

岩茶本就是高香茶，青林不敢让荷香熏染太久，一日便取出了茶。取出的茶有些潮润，青林放进孝文家的焙炉，用炭火焙了一下。取出冲泡，那香气格外馥郁，舌底习习生风，似有清泉暗流汩汩涌出。

我喝到青林做的荷花茶，是在“一葉”茶店，荷花瓣已褪了妖娆，茶汤的岩骨花香里，多了一味不俗的荷香，似有“误入藕花深

荷塘消夏图　（宋）苏汉臣

处”的感觉，而舌底生津的美妙似是朱自清笔下“叶子底下是脉脉的流水，遮住了，不能见一些颜色；而叶子却更见风致了”。

美妙之余，我喝到了一个小女子寻常生活中一份不俗的情怀，这恰是荷花茶最耐品处。

二　又到中元

处暑节令的中元节，向来是个祭祖的大日子，随缘的家乡是礼仪之地，对这个日子尤其重视——放小假，请祖宗牌位，上大供，祭拜，和过大年的仪式一个样子。

“七月十四，八月十五。”我老家一直流行这样的说法。小时候我单纯地理解为：七月十四蒸包子，八月十五烙月饼。大抵孩子的心性中，节日就是吃的快乐日子。日后长大了，母亲去世了，公爹去世了，才真正明白中元节的文化伦理内涵。当然自此，这个日子没有了欢乐。

老家过七月十四，大多地方的人过七月十五，也就是俗称的“鬼节”，这一天和清明节、寒衣节一样，是民间重要的祭祀日子。年年此日，看母亲坟上青草繁茂、野花盛开，想母亲在世时就特亲近田野里的花花草草，更觉草木有情真实不虚，伤心之余便会多了些许慰藉。上坟时大姐总会留出一把烧纸，给母亲上完坟后在不远处点燃，说是送给孤魂野鬼。大姐最像母亲，一直慈悲。

中元节本是道教的说法。道教全年的盛会有三次，称“三元”，“三元”是天官大帝、地官大帝及水官大帝的别称，正月十五、七月十五以及十月十五为三官大帝的诞辰日。正月十五“上元节”，是天官生日，天官赐福，人间狂欢。“月上柳梢头，人约黄昏后。”这一天也是传统意义上中国的情人节。七月十五“中元节”，是地官生日，用以赦免亡魂的罪。十月十五“下元节”，是水官生日，是为有过失的人解除厄运。总之，对人对鬼，都是大日子。

山西繁峙岩山寺壁画　（金）佚名

日后，我才知道农历七月十五这一天也是佛教的一个大日子——盂兰盆节，又叫“佛欢喜日”，是一个孝亲的节日。

和泰山普照寺的本愿师父一起喝茶时，我听他讲过这个节日的来历。盂兰盆节缘于佛经故事《目莲救母》。目莲是释迦牟尼佛的一个弟子，尊者是个大孝子，有“神通第一”的美誉。一日，他发现自己过世的母亲一直在地狱里吃苦，却无力救赎，便在释迦牟尼佛前悲泣求法。佛告诉他，须集天下佛弟子的慈悲和智慧，才能感召他母亲回心向善。在佛典《佛说盂兰盆经》里，佛还对目莲说，你仅救度这一世的父母是不够的，要生起菩提心，救度自己生生世世的父母和一切苦难众生。

因此，盂兰盆节一直是佛教最重要的一个节日，每年普照寺都要举行“盂兰盆法会”，借以报答父母之恩。本愿师父说。

沈三白的《浮生六记》中，对这一天也有描写：“七月望，俗谓鬼节，芸备小酌，拟邀月畅饮。夜忽阴云如晦，芸愀然曰：‘妾能与君白头偕老，月轮当出。’余亦索然。但见隔岸萤光，明灭万点，梳织于柳堤蓼渚间。”我没有见过萤光，却在这一日见过人们夜放河灯，一朵朵荷花在深夜的水面幽幽摇曳，飘摇不知所终，让人顿然有人生缥缈间天地一孤鸿的伤悲。

至于为什么有这样风俗，萧红的《呼兰河传》中有一个很好的注解：“七月十五是个鬼节；死了的冤魂怨鬼，不得托生，缠绵在地狱里非常苦，想托生，又找不着路。这一天若是有个死鬼托着一盏河灯，就得托生。”

这一夜，我不出屋，约来三两发小儿，喝原浆啤酒，煮老茶头，畅叙少年故事，不知天之将明。

三　又回老家小院

秋天来了，我的黑天鹅也长大了。

小满时节，两只小黑天鹅在我的农家小院安家了，原主人再三嘱咐我何时加水何时添食，就像女儿出嫁絮絮不止地叮嘱亲家。那份不舍，让我无言。

一个夏季我四处采风，不管人在何处，黑天鹅一直在我心中。美丽、吉祥、高贵、忠贞，是黑天鹅的品，这是极品，也因了这样的品，我对世间美好一直充满信心。

处暑了，我要去老家看看我的黑天鹅了。初秋的原野，玉米吐了穗，谷子低了头，随处可见的小枣树上，挂满绯红了脸颊的果子。穿行在老家的青纱帐，我时常感觉自己是一棵行走的高粱。

村庄很干净，干净得和城里一样，还是留不住年轻人的梦想。村庄很安宁，安宁得几乎听不到孩子的欢笑。但我的乡愁一直在田野在村庄，便会一次又一次回乡。更何况，我的黑天鹅也在家乡。

推开木门，我的黑天鹅好一阵子二重唱。它们还是少年，那声音有些稚嫩，但是很干净很欢喜。小院子里除了那棵老枣树，还有两棵阮枣树，很茂盛，叶子绿得发黑，我用黑栅栏圈起一个院中园，那就是黑天鹅的家。打开栅栏门，两只黑天鹅仪态端庄走出来，宛若王公出城。它们从容、大气地在小院散步，羽毛还没有完全变黑，但风帆状卷曲的婚羽已经很漂亮了，尤其是那一圈纯白羽毛，在翅膀扇动的一刹那，它们宛如仙子。那一圈纯白，是高贵的黑天鹅的灵魂的色彩。

它长长的颈项，也是如此美丽，还有红宝石的嘴，红宝石的眼睛。上天如此垂爱，这世间美好就都到了它的身上。

黄昏时分，邻村的发小儿闻讯赶到了，还带了红红绿绿一大堆时蔬：秋葵、黄瓜、西红柿、茄子……都不施肥不打药。顺手拿起一根黄瓜，咬了一口，清香脆爽，我一下子找回了小时候的味道。最后提上的是一大袋嫩玉米，我乐了，“偷的吧？”他们几个大笑，“是偷的。”发小儿家的晚玉米尚不成熟，那些玉米，确是从他老父亲的春玉米地“偷”来的。

芦苇双鸭图 （清）黄慎

晚饭照常随意自在，小时候的趣事一直佐餐，饭后喝孝文的老黄片，一份简单的快乐蔓延到深夜，人散去，已是明月中天，星星眨眼。

凌晨四点醒来，走出屋子，一院子的清辉，一院子的虫鸣，一院子的凉意。搬个木凳坐下，守着老枣树，守着黑天鹅，一颗一颗静静数星星，数到旭日东升。黑天鹅蠢蠢欲动，打开栅栏，它们欢呼着跑出来，目中无人地练起了飞翔。起初，是一只独舞，看那只旋转得优美，另一只也展开了羽翼，两只黑天鹅，在这个清晨的农家小院，在这棵六十年的老枣树下，翩翩对舞。

老家的天空，蓝得干净又宁静，云也是疏散而自如，我的小院，也是农家的素朴，两只黑天鹅，抖开翅膀，黑是单纯的黑，白是纯粹的白，在蓝天下，在素朴中，舞出了一个分明的黑白世界。这是世上最优美的舞蹈，天然、纯粹、原生态，没有音乐，没有技巧，只是因为快乐，只是为了快乐，单纯起舞，这才是舞蹈的最高境界。

换水，添食，饭后的黑天鹅安静下来了。但是一直形影相随，或交颈私语，或引吭清吟，或无言厮守，就是这么静静陪伴。两只黑天鹅，一只叫玄鸿，一只叫乌鹄，不是我的宠物，它们是农家小院的精灵。

白　露

——遍渚芦先白，沾篱菊自黄

一候，鸿雁来；二候，元鸟归；三候，群鸟养羞。

一　晨钟茶韵

白露将至，应青林之约，去泰山参加“岱月露白”茶会。

一大早醒来，随缘约我去普照寺找本愿师父吃早茶，我欣然又欣然。自小暑与本愿师泉城一别，已月余了，我确实想念师父了。

普照寺在泰山南麓的凌汉峰下，是岱阳唯一的古刹。走过一道刻有“佛光普照”的山门，是大片参天的松柏，山路很静，秋凉里带了柏子香，天微阴，否则正是“清晨入古寺，初日照高林”的景致。山路旁有巨石夹径，上题“云门”“界尘”。往前南方路西有方石刻“三笑处”，这源于佛教典故“虎溪三笑”。相传东晋高僧慧远曾住庐山东林寺中，潜心研习佛法，立一誓约：影不出户，迹不入俗，送客不过虎溪桥。一次诗人陶渊明和道士陆修静过访，三人谈得极为投契，慧远送客，送出一程又一程，不知不觉已越虎溪界限，三人相视大笑。后人有联曰：桥跨虎溪，三教三源流，三人三笑语；莲开僧舍，一花一世界，一叶一如来。中华文化本就是儒、释、道三教合一，这样的佛教故事，让人心里敞亮、舒服。

黄山文殊院　张大千

随缘早我一步上山，本愿师父的小弟子在路边接我，前方苍松翠柏掩映中显一抹红墙，那就是泰山普照寺了。墙外一涧溪流，伴了一山鸟鸣。普照寺门口有一副对联：长松筛月不辨今古；黑豆未芽何分儒道。我很自然又想到了“虎溪三笑”，也笑了。

普照寺是禅宗临济宗的道场，我是第一次来，河北正定祖庭临济寺我倒是去过，临济宗“心即是佛”“般若为本、以空摄有、空有相融”的宗旨也听老师闻章说过。本愿师的小弟子带我从侧门进寺，本愿师和随缘居士正在挂满豆荚的藤架下闲聊等我，师父依然是一派云淡风轻的超逸。

小弟子带我去一旁屋子用餐，他说师父特别嘱咐拿出居士供养的提拉米苏蛋糕，还有一碟云南的小菜，师父平日也不怎么舍得吃。饭后，本愿师带我在寺内小转，顺便给我讲寺院的历史典故。师父说普照寺称为“六朝古刹”是因寺中有“六朝古松”之故。《泰山述记》记载：“普照寺，唐宋时古刹。金大定年间奉敕重建，额曰普照禅林。”

古寺必有高僧，明代的满空禅师和清代的元玉就是普照寺有名的住持高僧。永乐十九年，满空渡过鸭绿江来到中国，后率弟子重开山门，当时的普照寺，“僧徒弟子及湖海禅衲依法者何止数千也”。满空圆寂时，火化得舍利子百余颗，安葬在普照寺的满空塔之中。元玉，别号石堂老人。康熙九年元玉在普照寺开堂说法，“荒者修，废者举，居然为泰山一名刹”。元玉在普照寺住持二十多年，是一位很有影响的高僧和学者，他主张儒、释合一，以佛养心，以儒治性，归释不可背儒。

我随本愿师父来到六朝古松前，古松只余盘曲的松身，其上爬满青葱的老藤，上有摩松楼，松下有筛月亭，亭下是一个方形石桌，有几凹处，以手敲击，磬音清越。本愿师父说：白露时节尚早，蚊虫较多，中秋时在此布一茶席，邀月品茗，感受前人古松筛月银光点点的意境，真是今古一如。摩松楼内千叶莲花座上有一尊铜铸释迦牟尼佛像，本愿师父说曾在杭州灵隐寺供养。我跪拜礼佛，唯愿

无量寿佛　张大千

一生沐浴佛光。

拾级来到我最向往的菊林院，院内有两株明代老银杏和一棵“一品大夫”松。一品大夫松原名“师弟松”，是清代寺僧理修入寺时与师父共植。理修松下用功，悟得“僧栽松，松荫僧，你我相度如同生；松也僧，僧也松，依佛门，论弟兄”偈语，树名由此而得。山房额匾“菊林旧隐”，这在随缘那款同名老菊普中我已提及，随缘还一直想在银杏树下开一个“菊林旧隐”老茶会呢。门口对联是元玉偈语：松曰好青，竹曰好绿；天吾一瓦，地吾一砖。莫名喜欢。院旁有一片竹林，两株老梅，老梅是爱梅的冯玉祥将军手植，立春时我在随缘茶室的花瓶中见过一枝，疏影横斜，满屋生香，是本愿师父嘱托小弟子送去的。

本愿师父带我们去他的茶寮喝茶，茶是随缘带去的20世纪80年代老茶砖，本愿师父亲自泡茶，依然是一派云淡风轻，那茶汤柔绵如太极，却甘甜至极，三杯下来，后背轻汗，方见力道。真是高手。本愿师父有客，我和随缘起身告辞。下山时，起了薄雾，回望，松林山寺依稀，恍若一场清梦。

这一杯普照禅茶，有韵。

二　岱月露白

“岱月露白”茶会，在泰山脚下的火凤凰会馆举行。

我为茶会题跋曰：“岱，泰山也，亦是‘一山一水一圣人’之山。星转斗移，时近白露，即之中秋，古诗有‘露从今夜白，月是故乡明’句，一山一月，自古至今，相伴一如。节令轮回，茶事如故，一叶大千，映射乾坤，你我何不随茶而隐？”

我和随缘、青林随几位席主先行到场。净手，签到，几位席主身着白色茶服，衣袂飘飘，绰约若仙子。茶席临窗，落地玻璃窗外，是一个大水库，连绵的泰山山脉倒映水中，宛若一幅岱宗山居图。

 耕渔轩图 （清）张鉴

席主忙着布置茶席，我一个人悄悄走出来，要无碍地和山水对视。每每此时，我总会想起辛弃疾的“我见青山多妩媚，料青山见我应如是”。

天轻阴，薄雾微笼，岱宗连绵无极，山峰直抵天宇，是无限；青山倒映在水，山影迷离，是虚幻。这景象，是画，是诗，是哲学，是宗教……抑或什么也不是，是有，也是空。

回屋，席主们茶席已经布好，我次第欣赏，首先关注的是茶席名。四个茶席各有味道：本真——一花一世界，一叶一菩提（澄湛）；明心——心虚意净，明心见性（钰涵）；归真——花开晓世界，甘露引人归（朱丽）；清欢——雪沫乳花浮午盏，蓼茸蒿笋试春盘，人间有味是清欢（文若）。世间一切，都是修行的载体，茶、茶席、茶会莫不如是。席名和释义，是茶人的灵魂追求，看得出，几位席主，都是行走在道上的人，我敬重。

修行者的茶席设计，走的当然是简古素朴风，陶炉、紫砂壶、茶盏不一，却是一样的简洁、厚重、大气。

席间插花疏落，却点缀了白露节令。文若的插花最妙，是泰山石里的一棵小松。小巧的鸟笼状提盒里，装了精美的小糕点和泰山脚下的鲜核桃仁儿。茶席是思想，喝什么茶才是内容。我拿起钰涵用毛边纸叠的茶袋，三道茶为：第一品，蹊成（2010年老白茶）；第二品，抱朴（2009年班章古树纯料生普）；第三品，凤饼（二十多年陈熟茶）。每个茶袋上，都有一片折叠的树叶，代表的是“一葉”茶庄的品位和品质。

午后两点，茶会开始了。青林委托我主持，这样素朴而厚重的茶会，不用主持人炫什么，我实实在在地说了几句这个茶会的意义。真正的茶会，从来不是群聚的风雅，它是回归。回归到大自然，在天人合一中找到大道；回归到一片茶叶，在一期一会中懂得珍惜；回归到自己的内心，在和自己的对话中接近本真。当然，这些远不是一次茶会能抵达的，日后的每一次茶聚，或是三五好友，或是自己和自己的心，都会一次一次接近抵达。

茶友陆续到齐了，茶会开始，静观居士弹奏古琴曲《秋风辞》，琴声深沉悠远有秋意。伴着琴声，瑞安居士凝神打香篆。香篆是传统图案，极漂亮，点燃，袅袅的沉香气息，若隐若无地回应了悠远的琴音，让人想起天宇，想起太古。与此同时，各茶席席主行茶，水烟和茶香徐徐氤氲开来，席主和茶友，都进入了一片树叶的世界。

我和随缘、瑞安等坐到了青林的茶席上，这个妮子在院子的荷花池里采了一朵白色睡莲，此刻，它安然于一个叶状水盂中，月亮一样的花瓣捧着黄的蕊，是如此静美。泡茶的青林，一袭浅绿的长衫，仿佛超离了身外的一切，安详，平和，也是如此静美。这个茶会的组织者，就是青林。那些席主，都是和青林习茶的闺蜜。茶会的背后，有一个隐者，那就是随缘。此刻，他一副超然事外的自在，只管靠窗喝茶，在窗外山水一色的背景下，他端着一盏茶静品，一定是又回归了心中的山林。

此时，一个小女子端着一盏茶跑过来喳喳：“随缘老师，随缘老师，你救救这杯茶吧。”随缘端起茶盏闻了一下，笑笑说心有挂碍了。他要倒掉，我接过来倒进自己杯中，抿了一口，涩涩地锁住了喉。抱朴，这款2009年的班章古树生普，我喝过不止一次，每次都会沉浸在不绝如缕生津的甘甜中，茶性至洁，最不欺人。一盏茶汤折射的是人当下的心性：心静，则茶汤清；心乱，则茶汤浊。所以泡茶，是人生的一场修行。一分修行，一分茶汤。

随缘拿过紫砂壶，接着泡抱朴，出汤，我喝了一杯，笑了——那份清冽甘甜，又回来了。一个平实的茶会，总会给人很多实在的内容。这个泡茶的小插曲，任你去悟。

茶会后，我翻看签到簿，静观居士手书小诗一首："远山如黛月高明，露白云隐晓风轻。釜沸茶熟松鹤驻，擎杯对友祝清平。"这当是茶会最好的结语了。

又是一年白露节，我再次来到泰山脚下，在青林小店和本愿师父、随缘居士一起喝"老刘的茶"，听本愿师父清风明月般透爽地谈论艺术，依然是不舍得告别。

丁酉"银杏未黄"白露茶会，席主如故，只是把茶席搬到了泰山后山的古刹玉泉寺，那里有两棵一千三百年的银杏树，树上结满了银杏果，未黄时，就美得不得了；待叶子黄时，定是美得不得了不得了。一年的时光里，青林已是沉稳有度，她的几个弟子，进步亦是惊人。这样的白露节茶会，她们想围绕着泰山办上十年，一年一个台阶，不知那时，她们该何等了得？

三　九月静美

一路都是青纱帐，白露时节，北方的田野越发深邃、静谧了。白露二候元鸟归，那些小燕子，密密麻麻伏在电线上，是在商议何时北归吗？它春分而来，温暖了村居，鲜活了大地，白露了，红花半落燕归去，我的小院子，燕子屋檐下的家又要空巢了。

泰山归来，发小儿接上我小聚，煮了鲜玉米，摘了大红枣，带了

春燕图　（清）任伯年

一堆长丝瓜、嫩茄子，外加一大袋刚刚煮好的大螃蟹，九月，我的家乡渤海湾开渔了。接下来，是教师的节日；再接下来，仲秋月圆；然后，北方该收秋了。

九月真好，生机而沉静，成长的经历都成了背景，收获的喜悦参杂着劳作的负累，像极了一个老师的生命。自十八岁至今日，我做了三十一年的教师，虽然社会对这个职业众说纷纭，虽然从教的滋味如鱼饮水冷暖自知，我却是发自内心地热爱它。我参与了那么多弟子生命的成长，他们已经成了我生命中永远的惦念和幸福。因此，每一个五味杂陈的教师节，我都会一如既往地快乐无比。

事茶的弟子，用他的老茶会为我过节。我约上三五至交，欣然前往。第一泡是二十年的普洱凤饼，这个茶会起点太高，弟子大舍了。弟子在校时属于嘎小子，入了茶行日渐沉静，日后拜了随缘为师，做人做事便一步一步向随缘靠近了。老茶二十年的陈香已经非常迷人，这让我不再惧怕老去，越来越喜欢岁月。

第二泡弟子换了古树散料，三克茶，置入小巧、古朴的柴烧老泥壶，三盏后，我就已经大汗淋漓。这么猛的茶气，茶树必然高古，我问弟子，他说这就是那棵最老的茶树。茶是新茶，却也是和古老对话，那么古老，那么干净。喝茶的人也许各自带了不同的心绪而来，只要静下心来，这样一杯古老、干净的茶，会让一切云烟俱净，会让人回归到简单和安静中。

可身边的友一直很兴奋地喋喋不休，弟子年轻，不好说什么，只无奈地笑。第三泡弟子拿出了三十年的生普洱，是我执教的年龄。首道还魂汤，他递给我们感受气息。我拿过公道杯静心闻，不单纯是陈韵，还有参香，存放得也好，茶汤红里透亮，几近完美。第二道分盏，喝下一杯，汗又出来了，真是酣畅。

新来的友问弟子是生普还是熟普，弟子耐心答。旁边的友还在喋喋不休，我借题提醒：也许你我都不会真懂一款老茶，但至少有一点我们都可以做得到，那就是恭敬心。弟子看着我微笑，我半调侃回应

秉烛夜游图　（宋）马麟

他的微笑，说：今晚你舍得一切好茶，你不舍得大家不好好喝。弟子正欲分茶，他举举公道杯说：就它好，谁喝都给。弟子一向口拙，不过话挺实在。

走在喝茶悟道的路上，我越来越感觉一杯茶汤折射了世间一切。一份修行，一份茶汤。我就是在和随缘一次一次的品茶中，感受到了他修行的境界，才心生敬意而成为好友的。对于泡茶，入道先后，人的体悟也是不同的。一个小友说，一样的茶一样的水，在办公室泡和在家泡，茶汤的感觉是大不同的——一躁一静，茶汤的气息迥异，自然口感大殊。青林说，很多时候泡茶，她会把自己感动哭了。想到一片树叶，从离开母体，在时光的流转里一点一点沉淀，当她被水一点一点唤醒，便又活了一次。于是，这片树叶把自己所有的好，一点一点毫无保留地奉献给每一个有缘人，你若懂她，怎会不感动?

今晚，弟子非要把一份感动进行到底，他拿出了随缘不让他轻易示人的陈年岩茶——四五十年的大红袍，我闻了闻干茶，有浓浓的药香，我被茶和弟子深深感动了。老茶的气场是很大的，大家都安静下来了。一道一道品，我和这款与我同龄的老茶窃窃私语。生于20世纪60年代，那时大家都很穷，但是心很干净，蓝天白云空气都很干净。70年代、80年代、90年代……一个又一个十年过去了，迷茫，挣扎，沉沦，奋起，经历了太多之后，一次次做减法，一步步回归，终于和这款老茶相遇了。她还是那么好，她从来就是这么好，不管人好还是不好。总而言之，茶比人好。如今，很多茶不好了，这不能怪茶，是人心首先不好了。今晚，得遇老茶，她是在用岁月告诉我们：人和茶，都可以这么好。

感动，身心都温温的，汗水一点一点渗透，是极沉静的舒爽。这个日子，这个夜晚，这个时刻，我皈依了茶，回归了山林——自然。

秋　分

——燕将明日去，秋向此时分

一候，雷始收声；二候，蛰虫坯户；三候，水始涸。

一　枣香古韵

节令是一场平缓有序的时间美学，刚过白露，又值秋分。“秋分者，阴阳相半也，故昼夜均而寒暑平。”这个时节，大地静谧，农家的日子缓慢而丰足。

九月，适合收藏美好。不会错失美好的是一行热爱自然的文友。穿行在古村落齐家务，重温燕王扫北的历史，总是觉得这个华北平原的小村庄有祥瑞。

祥瑞之地，大抵有神灵护佑。这方水土古有麻姑祠，麻姑又称寿仙娘娘、虚寂冲应真人，是民间信仰的女神，也是汉代道教的神仙。当年，追求长生不老的汉武帝求仙海上，曾祀麻姑。家乡境内，汉武帝观海的武帝台尚存，麻姑祠却只剩遗址了。

遗址上建有麻姑公园。小河边有麻姑神像：修眉细目，嘴唇微厚，右手端寿桃，左手执拂尘，恬淡、妩媚又敦厚。河水清澈，岸边开满了蓝朵粉朵的牵牛花，芦荻在水里留下修长的身影，对岸的玉米和向日葵，深邃又灿烂。

秋山红树图　（宋）萧照

沧州有酒，纪昀在《阅微草堂笔记》中说“阮亭先生谓之‘麻姑酒’”，阮亭即清代诗人王士祯，他谒麻姑祠时曾留一诗：“传是麻姑城，麻姑在何处。仿佛驾斑麟，犹系扶桑树。”

信仰中的神一直是和人心同在的，齐家务少桑多枣，乡人心目中的麻姑，一定是在古贡冬枣园扶了枣树。

沿着娘娘河一路向东，河边有长芦二十四场之一的同居古镇，有乾符老牌坊，有穆桂英卸甲生下杨文广的卸甲村，还有一大片冬枣园，那就是全国唯一一处植物类重点文物保护单位——聚馆古贡枣园。

枣乡聚馆古时属齐、燕交界，传说齐桓公曾在此迎接大战而归的将士，聚馆村由此得名。

我的老家旧城也是枣乡，家家房前屋后都是枝干嶙峋的小枣树，白露时分，枣子就已经红若玛瑙了。秋分了，聚馆的冬枣却还是青青。这可不能急，到了寒露，甚至霜降，天愈凉枣愈脆，摘一枚枣，入口即化，像三十年的老茶，那份甘洌，会让人思念很长。

聚馆冬枣被称为“百果之王”，因其“内润六和肝肠，外通八极清气”，乞求长生不老的汉武帝刘彻来此地巡游时，大臣公孙敖向他进献冬枣，汉武帝当即敕封为“仙枣”。至于冬枣钦定为“贡品”，则是兴济人明孝宗的张皇后的故事了。聚馆古贡东枣园旁的这条河称为“娘娘河”，也是因为张皇后。有水的地方多灵气，娘娘河畔的红薯，也享誉八方。

一行文友缓步聚馆村。这真的是一个美丽乡村，一尘不染的干净在村落已属难得，那些金黄的春玉米和家家院墙上爬满的丝瓜扁豆又恰如其分地点缀了乡愁。村后就是古园，连绵了一大片青葱，木栅栏围起，相隔不远便有一个木门小径，小径一直延伸到古园深处。

年年小满、芒种之间，枣花盛开，我也会来这里一次，一园子的枣花香，在阳光下的空气中馥郁得透爽，想想那些古老的树至今芬芳，每每让我感动不已。

古园分东、西园，六百岁以上的老树有一百九十八棵，最老的嫡祖已是七百五十岁的高龄，我每年也都会看上它一眼。皴裂的老树皮，我不忍抚摸，只静静和它对视。这样的时候，我自然想起云南原始森林里那棵两千七百年的老茶树，它们活得都是岁月，而岁月真的不是一首歌，岁月是沧桑的古诗。

秋分的阳光，像暖暖的老普洱；秋分的风，像老普洱回甘后的清爽。秋分在二十四节气里年年轮回，那些湮没在岁月里的老事，便在轮回中一个一个被唤醒。古韵，便在北方的乡村、田野，一路流芳。

二　村居的日子

中秋的月亮隐去了，秋分始临。

《礼记》说："天子春朝日，秋夕月。朝日之朝，夕月之夕。"夕月，就是在傍晚祭月，古有"春祭日，秋祭月"一说，而秋分曾是传统的"祭月节"。最初祭月节定在秋分，不过这一天在农历八月里的日子年年不同，不一定正好月圆。祭月无月是大煞风景的，所以，祭月节就由秋分调至中秋节。

秋分有些阴，第二天便淅淅沥沥地下了一整天的雨。虽说是一场秋雨一场寒，但秋风秋雨不会愁煞人，因为农谚说：秋分阴雨来年丰。我骨子里永远是个村妞，在村妞的世界里，大自然不是风花雪月，而是麦子黄了高粱红了，是一年丰收后农家的殷实和喜悦。

雨停了，正是周末，我有些惦记着农村老家的农事，正是收玉米种小麦的时节，老爹的红枣也要落杆了，青林妮子送了极品茉莉花茶"女儿环"，顺便给爹带回去。村子里家家户户门前堆放着金灿灿的春玉米，晚玉米还没十分成熟，也已经苍了苞。到家后，已是上灯时分，哥嫂外出干活去了，老爹一个人在家。

进屋，在小城里上班的侄子、侄媳妇回来了，他们小两口儿是跟了村里的车回家看望爷爷的，一会儿还要跟车回城。这个年龄的年轻人，村居的已经寥寥无几了。他们距离农事越来越远了，距离大自然也越来越远了。好在心还系在老家，老屋在，老人在，他们的根就不会断。

饭后，一家人拉开门灯在大门口闲聊。老屋临街，农忙时人人劳顿，所以街上冷清，不像夏日夜晚那么热闹。我用茶缸子给爹泡了“女儿环”，爹倒在我刚给他买的建盏里，一杯一杯享受，在茉莉花的香气中，一家人闲聊，间或哈哈大笑。说笑间，接侄子、侄媳妇回城的车子来了，他们一走，大街又沉寂了。爹和姐姐回屋，我接过爹的茶缸子，一个人守着老屋老街，静静坐着喝茉莉。

村里的夜好静啊！是那种沉到底儿的安静。累了一天的村人早早睡下了，家家户户几乎没有灯光，大街上也没有路灯，农家的夜晚是不需要路灯的。没有城市的灯红酒绿，也没有喧嚣的不夜天，村子里的日子一直就是这么朴素、安静、踏实。

不知谁家的狗吠了几声，马上有另一家的狗跟着唱和，狗吠消失了，秋夜一片虫声，夜深了。我还是舍不得回屋，起身站在十字路口。路口的北面，村子尽头的枣树

桃实图 吴昌硕

林里，是娘的坟茔。蓦然想起了小时候的夏夜，一家人坐在妈妈亲手打的麦秆苫子上纳凉的情景，那些日子过得不紧不慢，不沉闷，也不喧嚣，是恰到好处的热闹。往事如昨，我也人到中年，和亲人已是阴阳两隔，想到此，有两行泪无声流下。

回屋，睡下，一觉醒来，姐姐已经做好了饭。还有新鲜的小白菜汤，姐姐说是邻家婶子送过来的。喊老爸一起早餐，然后收拾竹竿和篮子、袋子，去枣园打枣。

说起家里的枣园，小城里很多朋友都艳羡。村居的日子，如果没有枣树，便少了很多踏实和温暖。皴裂的老树皮，盘虬的枝干，五月的枣花香，八月挂满了树的金丝小枣，多么有意味！我理解朋友的艳羡，但也深知老爹的艰辛。从开甲，到剪枝、施肥，这一路的管理实在是累人。前一段干旱，我爹竟然提水一桶一桶地浇树，那可是八十岁的老人啊！

就说当下的打枣，一竿子下去，玛瑙般的红枣雨点一样落下，噼里啪啦一地红雨，说起来多么诗意，多么风光，其实一样会把人累死。一天下来，我和姐姐腰酸腿疼，看看老爹，照样不紧不慢地干个不停。

在小城里，时常会有如爹一样的老人在路边卖菜，或是几捆脆生生的小萝卜，或是几个大小不等的青萝卜，或是一小堆儿丝瓜，我总喜欢在这样的老人面前买菜，还会多买上一点儿，多说上几句话，多露出一些笑容。在我的心底，他，他们，都是我离不开土地和老屋的爹。正是因为有他们，我们才永远不会老，永远有牵挂，永远有温情。

不管有闲没闲，多回村子里吧，村居的日子里，人离自然很近，离人情味儿很近，离节令也很近。

三 茶话养生

中国的审美，是推崇“半”的。花开半嫣酒半酣，恰是最好。这也暗合了中庸之道，“喜怒哀乐之未发谓之中，发而皆中节谓之和”，这种生命状态，是一个人一生的追求。秋分，叶已老但未黄，果已香但未摘，秋已凉但正爽，一切正是刚刚好，一切正是最迷人。

中医朋友要来喝茶，他一肚子中国文化，我特别选了三年的传统松烟小种，和近十年的老寿眉。秋分的茶席，怎么也要有一些季节元素的，我在野外采摘了一束野菊花，插入青瓷花瓶里，紫色的小朵儿，散发着淡淡的幽香。白茶盏，朱泥壶，古琴涔涔中喝茶，让人的心浅浅地喜悦。

中医朋友开了一个小诊所，是一个北方平常的三合院，收拾得纤尘不染。院子中间有一个小菜园，朋友种了薄荷等几种中药，一进院儿，就是薄荷香，无事时，我也总喜欢到他那里逛逛。

坐定喝茶，我多么讲究的茶，在中医朋友那里都是交谈的道具，他不说茶，只说中医。秋分了，他诊所的病人越来越多，且大都是中年女性。我笑，问他：不是女人伤春男人悲秋吗，怎么这么多女病人？朋友诙谐：这年代，不管男人女人，哪里还有古人那样健康的伤悲？这些人，早先不注意，都是秋后算账。

朋友说，秋有一生之秋和一岁之秋，生理之秋、季节之秋与心理之秋合称“三秋”，一个中年人到了秋天，再滋生悲秋心绪，就成了多事之秋。明代张景岳在《中兴论》中说：“故人于中年左右，当大为修理一番，则再振根基，尚余强半。”张景岳首次提出“中年求复，再振元气”的思想，人到中年，时到秋天，是未老先衰，还是老当益壮，全在自己。

人到中年日过午，我一直以为顺其自然就好了，听朋友说可以大为修理，精神头儿就上来了，急着问：怎么

菊石图　吴昌硕

修？要简单的。

朋友知道我什么都尚简，就说：那好办，根据阴虚阳虚体质，服用适合自己的六味地黄丸。我摆摆手：是药三分毒，我不吃，你推荐一些简便易行的食疗。

中医朋友说润燥是秋季养生大法，他知道我爱吃零食，就推荐了甜杏仁，说一天吃上二三十粒就可；另外还可以多食蜂蜜、百合、莲子、木耳、银耳、芝麻、核桃、冰糖、鸭梨，也可饮淡茶、果汁、豆浆、牛奶。听上去都是好吃好喝，我笑着记下了。

朋友见我有兴致，接着推荐。

“还是麻烦啊！不过可以推荐给亲友。”我嘟囔。朋友调侃我：“你怕麻烦怕得都不想换秋装了吧？”他指指我还没脱掉的凉鞋。“二八月乱穿衣。”我笑着诡辩。朋友说：“还说‘春捂秋冻’呢，但古人倡导秋冻有节，‘白露身不露，寒露脚不露’，这个季节，重要的四处必须保暖，那就是颈、肩、腹、脚。养生的真正意义其实是对生命的一份尊重。”说到此，朋友神色多了庄重，我也深深地点了点头。

朋友走了，我找出布鞋和各色丝巾，明天出门，我也要好好爱爱我的脚和颈了。

寒　露

——九月寒露白，六关秋草黄

一候，鸿雁来宾；二候，雀入大水为蛤；三候，菊有黄花。

一　暖暖的寒露

寒露时节，北方农村正是三秋大忙，今年玉米丰收，家家门前一堆一堆的金黄，那些囤起的玉米盏子，守护了农家人殷实的慰藉和饱满的踏实。

我和云海、清俊在老家的屋子，守着农家人的忙碌，看玄鸿、乌鹄两只黑天鹅翩翩起舞，煮孝文做的牛栏坑肉桂老黄片。偶尔也会围着村子转转，和门前包玉米的老人唠唠嗑儿，摆摆样子拍个照，朴实的老人很配合，但又很不屑："让你们活乐撒，你说有嘛用啊！"我们几个吐吐舌头，也乐，无论如何，我们也是发自内心地敬重土地和劳动者的。因为一切风雅的源头，都是土地和劳动者；茶的风雅，当然也是。

走到路边一块儿菜园，边沿是满地疯爬的南瓜秧和在秋风中开着紫花的扁豆。墨绿的南瓜骨碌了一地，紫色的扁豆竖着一串串耳朵听秋声。菜园旁一个看孩子的大娘说："你们摘几个南瓜吧，城里稀罕。"我们一边感念一边摆摆手，只在菜地旁大娘的冬枣树上摘了一把冬枣，大娘顺手拔了两个青萝卜，递到我们手里。一次次回乡，一次次亲近土地和粮食，一次次接近朴实和热情，人性，一次次提纯。

回屋做饭，切了几片藕，在大锅里熬黍米藕片粥。金黄的黍米是新鲜的，邻居还挖了一碗小米送来，只是大家更喜欢黍米糯糯的感觉。大娘送的青萝卜切了丝，撒一点盐面暴腌了一下，炸了花椒油热热地浇上去，就是一盘时令养生好菜。南瓜发面饼还热乎着，是大姐早晨新烙的。三人吃得香，觉得神仙也不过如此。

饭毕，在院子里继续煮老黄片，快递的电话打过来，说是河南的软籽石榴到了。继之，又有朋友的电话打过来："还不过来摘石榴？寒露了。"年年此时，朋友的召唤像二十四节气一样准时，我载欣载奔，亦如寒露一样准时。

朋友家也有一个很大的院子，小菜园里各色蔬菜都很肥嫩，每次过来，我随手捋一把芫荽、曲曲菜生着就吃了，或者摘上一个嫩紫的茄子大口大口生吃。除了蔬菜，院子里还有很多树——苹果树、桃

竹石三鸡　徐悲鸿

树、柿子树、冬枣树、无花果树……特别是那几棵石榴树，今年格外打眼，满满一树的石榴，个儿大，色美，大玛瑙一样点缀在细小的叶子之间，和花开时一样红火。

朋友正在客厅挤石榴汁儿，刚进门的儿媳妇有些风寒咳嗽，酸石榴汁儿加冰糖，喝下去很见效，是个小妙方。朋友一粒一粒剥下晶莹的石榴粒，然后放在白纱布里，小心翼翼把汁子挤到一个小茶盏里，待冰糖化开，把小茶盏递到一直在旁边站着的儿媳妇手里，说："喝吧，酸酸甜甜的。"一盏石榴汁里都是爱，儿媳妇自然感动，我看着也感动。

石榴汁的多酚含量比绿茶高得多，是抗衰老的"超级明星"。不知道是不是这么神奇，反正每一个农家小院里，都会有那么几棵石榴树，五月花开红红火火得如日子，九月石榴压满了枝，寓意多子多福。这个时节，每家的竹篮里，都装满或酸或甜的石榴。哪家小儿感冒咳嗽了，酸石榴汁加冰糖，最多喝上三次，基本就没什么事儿了。

坐在朋友小院的丝瓜架下，美美吃着石榴，临行，朋友摘了满满一大兜子红石榴笑着送我，"宝剑送英雄，石榴送知音。慢慢吃去吧。"想想回家后一并有河南的软籽甜石榴等着我，我的笑容，便如寒露的石榴一样绽开了。

二　菊香桂香黍米香

今日寒露，明日重阳，在路边折菊数枝，插花，布席，约发小儿品老普"菊林旧隐"纪念。

"菊林旧隐"，又勾起我对岱宗古刹普照寺的思念了。这个季节，寺里菊林院的菊花正黄，竹林更幽，本愿师父瘦长的身影亦如竹修菊瘦了吧。

此刻，随缘、青林和阳子三人，在泉城"一葉"小店，不插

秋菊图 张大千

枝，不布席，散淡喝茶，随缘题名：相望。一个相望，便什么都有了。茶和山林相望，有了根；茶和水相望，有了灵；茶和人相望，有了和。此时，我们和他们，在这个寒露的晚上，守着一盏茶隔空相望，心心一如。

散淡自有散淡的好，青林偷偷发我信息：窗外桂花满园，香气飘进屋子里，昨夜还忽远忽近，现已馥郁缭绕。桂花的与众不同，大概是最通灵性的吧。但凡鼻端闻到其香，舌尖就似乎尝到了甜丝丝的桂花糕味道呢。可惜，寒露茶会，请不到桂花入席，只能想象一下。这一想，入口的茶汤中隐隐的有了桂花的味道。

这个灵性的小妮子，和我一样喜欢桂花。前几天去北京，我和爱人专门去植物园赏桂花，可惜没有。故宫旁的中山公园倒是有盆栽桂花，偏偏那几天不开放。苏州的市花就是桂花，又无闲去赏，想世间不如意常大半，便安然。今日青林这么一说，我似乎觉得我茶盏的“菊林旧隐”，也有了桂花的气息。

随缘三人，今晚喝的是“无名”易武砖，是2011年云南易武茶区刮风寨的大树料，定制这款茶的时候，从云南发到泰山，却阴差阳错地发去了蓬莱。随缘开玩笑说：“原来八仙也馋茶啊！”因为怕给茶留下海鲜味道，茶到了泰山后，随缘和青林选了一个好天气，拉着这些茶去了青林叔叔自己的山上庄园。也是这个节令，石榴笑开嘴，桂花飘满香。

青林的叔叔山上有上千棵桂花，满院子的石榴树。茶一排一排铺在院子里，随缘和青林就坐在石榴树下，喝着茶，拉着呱，不经意就闻到满鼻的桂花香。

一天过去了，夕阳西下，他们收起茶叶，也收起一院子的花香果香。这个桂隐的经历，让“无名”易武砖的传说里，着了桂花香。难怪青林品饮的时候，隐隐有桂花香呢。

在我的小茶室里，发小儿几人也散散淡淡喝茶。一个发小儿未到，我们便给他发去“遍插茱萸少一人”，他说若有古方菊花酒，他会带我们登高辞青。古法酿菊花酒，“菊花舒时，并采茎叶，杂黍米酿之，至来年九月九日始熟，就饮焉”。这个时令，菊花正开，黍米已熟，只可惜谁也不会酿制，这耽搁了一年的时间更是追不回来，很显然，发小儿是开玩笑了。

话题自然转到了重阳节。重阳，古人还有吃桂花糕的习俗，当地无桂，常以黄糕代替，也就是黍米做的糕。隋代杜台卿《玉烛宝典》关于黄糕有这样的记载：“食饵者，其时黍秫并收，以因黏米嘉味，触类尝新，遂成积习。”饵，即古代之糕，为祭品和宴席美味。明日蒸上一锅黄糕，待热气四溢，香气饱满，一定有暖暖的人间情意。

夜深，人散，无月一钩，只有满室的菊花幽幽散着香。

三　昔日归来

寒露几日，我收拾行装。爱人问我：“又去哪里？”我翻他一眼，“你一个人在家苟且吧，我要去诗和远方。”爱人的嘴，撇成了秋天的落叶。其实，日子就像菊花酒，是由苟且、诗、远方共同酿制的，所以，那菊花酒，可以配苟且，也可以搭诗和远方。

这次出行，我来到了随缘的“一葉”店，他的那些老茶，是我这次出行的诗和远方。在“一葉”的老门板茶案前坐定，随缘第一次没有拿出他几十年的老茶，而是打开了一饼用纯色毛边纸包裹的压制不足三个月的熟普。我把所有的好奇都放在那饼没有名字的茶上：褐色的圆饼，密集的金色芽尖，看得出水汽尚浓，带着刚出道的稚气……随缘拿起茶饼，深深嗅了一口，幽幽吐出两个字：“蘭隐。”

“蘭隐”？这个名字我可是熟悉极了的。讷言的随缘，一直有一个浓得化不开的兰花情结。不俗的香气，含蓄的内质，幽远的韵致，这些都让随缘近乎痴迷。因此，他一直想找一款茶，一款有着兰一样内质的茶，来安放自己的情怀。这款茶的名字，就叫“蘭隐”。正如

幽兰 张大千

所有的遇见都是因缘和合，人和茶的缘分也是如此，一直以来，随缘会不时和我提及“蘭隐”，但那时“蘭隐”就像母亲肚子里的孩子，名字是有了，却一直未临世。

今日，随缘的“蘭隐”终于面世了，这背后会有一个什么样的故事呢？我把探寻的目光投向了随缘居士。很多事情，当我们期待一个动静很大的故事的时候，真相却往往朴素、平实得让你讶然，这款在随缘灵府里魂牵梦萦的“蘭隐”就是这样。八月份，随缘云南的弟子来泉城，淡淡地和他说：“师父，有一款茶你尝尝感兴趣不？是昔归的古树纯料做的。”随缘也是淡淡地泡茶品茶。于是，在一切淡淡中，他找到了他的“蘭隐”。第二天，我到泉城，随缘并没有和我说起“蘭隐”，只是那晚，包括他的学生在内，我们一起喝了那瓶1987年的茅台老酒。

随缘静静撬茶，取茶六克，用他心爱的大红袍壶泡，红褐色透明的茶汤，稠稠的，带了糯感，喝下去，那茶气好重哦，暖暖得上了脸。口腔内，一款好普洱很内敛的气息在回旋。我们静静喝茶，间隙，随缘用毛笔蘸着“蘭隐”茶汤，在老门板上写下四句茶偈：谷深不见兰生处，追逐微风偶得之。解脱清香本无染，更因一嗅识真如。水迹已干，一泡“蘭隐”的滋味尚没有喝尽，昔归，昔日归来了吗？

昔归古茶树，生长于云南省临沧市昔归村忙麓山。忙麓山背靠昔归山，是临沧大雪山向东延伸靠近澜沧江的一部分，山脚便是归西渡口（原嘎里古渡）。昔归古茶园多分布在半山一带，混生于森林中，古树茶树龄约二百年。清末民初《缅宁县志》记载：“种茶人户全县约六七千户，邦东乡则蛮鹿、锡规尤特著，蛮鹿茶色味之佳，超过其他产茶区。”这里说的“蛮鹿”，现称为“忙麓”，“锡规”现称为“昔归”。昔归茶龄在云南古茶树中并不算老，但昔归茶自然生长，没有修剪，只采春、秋两季，这使得昔归茶的滋味内蕴丰厚。

记得若干年前在小城茶会初识随缘，茶会后几个朋友到我家里喝

苏长公行吟图　张大千

茶，随缘还是一句话也不说。临走时，他拿出一饼昔归纯料生普洱送我。一面之交，如此厚礼，这让我真的有点儿手足无措了。因为喜欢，总也不怎么舍得喝，一饼茶，断断续续竟然喝了三五年，昔归茶如兰的香气和冰糖香，也就印在了心底。

今日，伴着一款“蘭隐”，昔日真的归来了。那些记忆里的美好，也是苟且里的诗和远方啊。

霜　降

——霜降鸿声切，秋深客思迷

一候，豺祭兽；二候，草木黄落；三候，蛰虫咸俯。

一　告别秋天

野外正是枫红菊黄，这个节令，秋天发出了最后的邀请，我还没来得及参与这场绚烂至极的告别盛会，一个无意中的小骨折，让心一下子就洗尽了铅华。“热闹是它们的，我什么也没有。”蓦然想起了朱自清的这句话时，我感觉自己犹如霜降后的大葱，心空了一大半。汉风先生曾赐字“静娴”，如今，天也提醒我要静娴了。

守着日子，看书，发呆，友来了，就散散淡淡聊天。发小儿们几乎天天来，今天带了萝卜馅素饺子，明天蒸一锅新玉米面的发窝头，转天又熬小鱼贴饼子，都是我爱吃的农家饭。原来骨折的日子，也可以这么美。

霜降日正是周末，三五好友午后聚过来，用茶会纪念秋天的最后一个节气。茶室里茶席常设，只在日本老梅花瓶里插了一束盛开的格桑花，又在佛前点了一炷沉香，待水晶玻璃壶里的水汩汩如趵突泉，静谧的茶室一下子生动起来。拿出“蘭隐”，友都喜欢喝。又拿出随缘自己配的六合一老茶，几款茶从三十年到六十年，生熟搭配，款款

竹下高士　张大千

极致，数个极致合成一泡，能喝上一杯就是一个极大的缘分了。能泡这样的茶，当然也是大缘分，我不敢说话，只一心注水出汤，唯恐慢待了老茶精魂。我泡得认真，大家喝得放松；我泡得越认真，大家喝得越放松。其实我也放松，我的放松恰好在我的认真里。

日暮，诸友离去时，泉城“一葉老茶”店的霜降茶会尚未开始。青林和阳子，都是有浓重怀旧情结的妮子，马上要搬新店了，她们想和三五老友一起，用这样的仪式告别老店。茶会有一个很好听的名字——“一葉秋心”。老门板茶案的沧桑藏在粗粝的纹理中，灰和红的茶席布，把绚和素叠合得很有意蕴。日本老花瓶中斜插了一枝秋叶，隔了六只青花梅花盏，与深红浅黄遥遥呼应的，竟然是一盏柿子灯。霜降时节，民间有吃秋柿的习俗，取意“柿柿（事事）如意”，阳子吃了如意，点起一盏酥油灯放进空壳，幽幽的橘黄光晕，瞬间暖了一整个屋子。

茶自然上乘，三枚红宣茶笺上典雅的汉隶，依次是随缘书写的三款茶名：“隱古”“不知歲”“無念”。“隱古”，就是那款20世纪80年代初的老班章砖——布朗之巅。随缘偏爱布朗之巅，一直说是自己的养老茶，余生会和它一起老在时光里，就把名字改为了“隱古”。这款茶还真的和随缘挺像的，一盏在握，如同面对一个“温而厉”的老学者，明明很温和，可就是很难真正走近，就一直这么不离不弃地跟随着。“不知歲”是20世纪50年代的老白茶，喝起来的感觉像极了《诗经·蒹葭》里那个在水一方的佳人，那么有意蕴，真真实实地存在着，却怎么也抓不住，又分明那么滑那么甘。“無念”是20世纪40年代的老岩茶，在教师节茶会上，弟子给我泡过。这款茶是杨绛，那么沉静，那么透脱，学识、内涵、修养都已登峰造极，你什么也不必说，只用心感受着她，就美妙至极了。

“隐于古，不知岁；不知岁，当无念了。”爱茶的小萍轻声感叹。真正的爱茶人，总是能从一盏茶里，折射出世态万象，进而生发哲思禅意，小萍妮子就是这样的。她说：土壤、天气、手艺、手艺人、泡茶环境、泡茶人、水、器、品茶人、回响，哪一个逃得过“干净”二字？人世间又哪有什么不公平？若无执念，时间总会让你绽放本性。她说：茶的天性是苦涩收敛，是美味的苦涩收敛，就像这个霜降节令，它的存在有大自然的深意。她说：茶是药，专治现代人身心失调之病，尤其是灵魂跟不上脚步……

茶会，真的不是一个交际场所，一定不要虚，千万不要装，真实一些，谦卑一些，别想什么玄虚，用心和茶对对话，往嘴里咽，往心里喝，那才叫会喝茶。和高人喝茶，你会觉得自己很低。如果喝的是今晚这样的老茶，你就会让自己低到尘埃里。

更何况，霜降节令，万物皆由敛至藏，沉下来，低下去，这是个多么美妙的隐匿啊！

二　舌尖上的记忆

民谚说：处暑高粱白露谷，霜降到了拔萝卜。

一大早，好友送来了自家种的白萝卜青萝卜，看上去都水格灵灵喜人。除了萝卜，友还带了一把自家园子里带根的秋菠菜，特别嘱咐我：红色的菜根洗净，和山药、鸡内金一同煮三四十分钟，然后加粳米煮成粥，是最好的节气养生食品，可以增神、提力、生津、和胃。我扑哧一声笑了。朋友年年推荐她的菠菜根粥，去年霜降时我在她家喝过，却不怎么喜欢那味道。同样是霜降时节极佳的养生粥食，我感觉远没有小米胡萝卜粥简单美味。养生不是养贵，极简的小粥，因为合了时令，反而胜过了所谓大补的山珍海味。顺应时令，收获什么吃什么，就是极简养生。我喜欢这种心和自然贴得很近的日子。

发小儿一起，最喜欢说的就是小时候的那些美味。那个时代穷啊，至今念念不忘的美味，也不过是家常简餐，但都带了纯净的生态和妈妈的气息。所以，在美食的回忆里，扯出的都是一缕一缕的

山厨清供　张大千

乡愁。

如今，我总是喜欢把那缕乡愁扯到今日的饭桌上。牛肉掺了萝卜的家常大包子、三合面的窝窝头、白菜豆腐炖粉条、玉米面红薯粥、自己腌制的小咸菜……每一样都能让我回到老家，回到小时候，回到妈妈的身旁。此时品味“民以食为天”，亦是觉得余味悠长，那平常的饮食里，原来不只有果腹，还有天、地、人和寻常的人间情味在内。如此，若干年后，我家的饭桌，也会是我的孩子们的乡愁了。一代一代，家的暖娘的爱，对自然的眷顾，对节令的臣服，会在中国的餐桌上源远流长，这是一件多么美好的事儿啊！

我又想起了随缘在“一葉”小店亲自为我熬的粥炖的鸡。当一把陈米变成一碗金黄黏稠的大枣小米粥时，我惊讶了。米水分离，我一直以为这是陈米熬粥的必然，所以年年只吃新米。当我问起随缘煮粥的秘籍，他淡淡一笑：和煮茶一样，都是个火候和时间的把握，当然了还有心念。当他在新店厨房用泰山蘑菇炖家养小公鸡时，那份极地道的香味儿，让我猜想他一定是加了什么特别的佐料。问问随缘，不过是寻常必备的葱姜蒜之类，而整个炖鸡的过程达三四小时之久。还是个火候和时间问题啊，我感叹。现代人做事缺失的就是这样一份耐心啊，没有耐心，把握不好火候，便很难保证品质了。这个道理好简单啊，可是为什么很多人做不到呢？一生匆匆行走，一味赶路，唯恐落下什么，到头来却真的是空空落落。蓦然回首，却发现在匆匆行走的路上，不经意丢失了太多宝贝。

突然想到了诗人木心那首《从前慢》：

记得早先少年时
大家诚诚恳恳
说一句是一句

清早上火车站
长街黑暗无行人
卖豆浆的小店冒着热气

从前的日色变得慢
车，马，邮件都慢
一生只够爱一个人

从前的锁也好看
钥匙精美有样子
你锁了人家就懂了

从前慢，日子从容也有内容；如今快，日子忙碌得空空如也。记住乡愁，慢生活，回归田园，回归传统，回归婴儿……当这些呼唤如娘亲唤儿归一样声声入耳，世人那颗麻木的心，怎能不为之所动呢?

门铃又响了，开门，两个发小儿一个提了一袋子柿子、香面梨，一个提了一袋子羊肉，我乐了——霜降的美食又到了。迎友入茶室，净手，焚香，且吃一杯秋茶去。

三　“一葉”秋心

“好好做你的茶吧，哪来那么多情怀？”我经常这样调侃随缘。他搓搓手，嘿嘿笑笑了事。陆羽说茶“最宜精行俭德之人”。淡泊宁静，谨言慎行，追求生命的质量，真正的茶人定然在这个方向上。

作家王秀云说：“生意就是生出些欢喜的意思。”这样做生意真是好，因为喜欢心生欢喜，一味欢喜，别的淡去，方可生生不息意蕴悠长。随缘就是这样做生意的，我老说他是天然商，无任何添加剂，是原生态的生意人。什么样的人做什么样的茶，所以他的茶纯粹、干净。

把老祖宗留下的好东西传承下去，这一直就是茶人随缘的愿望。也许是“人有善愿，天必佑之”吧，泰山学院开设茶文化选修课，在朱丽丽老师的举荐下，随缘的弟子青林便成了第一位老师。青林这个人前低眉顺眼的寻常妮子能上好这样的茶文化课，我一点儿也不奇怪。茶是灵物，需要悟性和灵魂，爱茶爱到骨子里的青林，只需要把自己对茶的理解原原本本传递出去，一样的悟性和灵魂便会同频感应。每次课后，泰山学院的学生，都会传递出这样的灵性，这每每让朱丽丽和青林欣喜不已。

水到渠成，青林和朱丽丽酝酿的一次大型无我茶会，也在霜降时节瓜熟蒂落了。这是泰山学院最美的一个节令了，泰山用如椽大笔涂抹了深邃而绚丽的大美秋色，位于泰山山腰的泰山学院则像一枚深深印上的闲章，随性、自在、端庄，透射了很人文的性情。

松溪高士图　（明）仇英

周末的午后，阳光暖得透明，泰山学院图书馆前的小广场，小桥流水，墨绿的垂柳袅袅回应着水的灵动，拾级而上，那些错落的树木静默于天地。阳光下，或者是一树火焰一样跳跃的红，或者是一树金子一样闪烁的黄，或者是一树高士一样沉寂的绿，红叶、油松、银杏、垂柳，在霜降时分，很张扬地释放着丰厚的内涵，那些生命的底气，让人无语震撼。那些带着书墨香和朗朗的读书声的课桌，这一刻做了茶席，三十八个茶席，就这么错落有致地设在红的树黄的树绿的树下。

茶会入场处，有一个漂亮的宣传布告，几枝疏淡的红叶做背景，印了无我茶会的主题：一叶秋心。释义本身就是一杯好茶：一叶，山川之蕴灵；秋心，草木兮归本。万法一如，东岳霜白枫红叶黄，见真处，藏于素心。白瓷素盏里，唯余一叶秋心，与日月低语。此时，无我，无他，一味同心，放归自己，且吃一杯茶去。

一袭素衫的青林，带了朱丽丽、文若、钰涵以及三十多位学生席主整齐入场。女孩儿一色月白斜襟上衣配黑裙子，男孩儿个个着深蓝中山装，都是经典的民国范儿。在主持人的介绍中席主依次入席，每个茶席，都静静坐好了席主邀请的四位好友。席布是我和阳子手工缝制的，很素净，盖碗和公道杯也都素素的。阳光照着，泥炉上的陶壶微微冒着热气。没有插花，随意折取一枝红叶或银杏斜斜一摆，茶席便有了味道。盘子里的小茶点，也是那么可心。秋日午后的阳光，透过黄叶红叶一缕一缕打在三十几张茶席上，泡茶的喝茶的，都如秋日一样静美。

此时，来自汶源书院的琴箫合奏《关山月》恰到好处地响起，双人瑜伽舞蹈也灵动得可以，茶会正式开始，泡茶喝茶，都专心如一，静谧灵动，秩序井然，这一刻，人人都沉浸在美好的茶时光里。

深秋霜降，是迎接冬日的一场盛典。这个节令，需要宣肺养阳、和胃养脾，为此，随缘为茶会精选了两款茶：一款“蹊成”，是福建福鼎的五年老白茶，宣肺去火，养元升温；一款十年普洱熟茶“垕朴”，柔和包容，和胃养脾，身暖温润。茶背后的意蕴，是需要喝茶者慢慢品饮了。

这样的茶会上，不刻意寻找，你是不容易发现随缘的身影的，但并不是说他可有可无，他在，魂就在。当然，茶会圆满了，最高兴的人也是他。但他从不说什么，嘴也笨，顶多搓搓手，笑笑，然后举起一盏陈年茅台，一声“干”，一杯酒自己先下肚，什么就都有了。

一路，他就这么走。

冬

在二十四节气里细数日子

踏雪寻梅图　（明）戴进

立　冬

——天水清相入，秋冬气始交

一候，水始冰；二候，地始冻；三候，雉入大水为蜃。

一　木叶半青黄

“小区的枫叶红了，我们想妈妈了！”说不上是想孩子了，还是真的惦记着小区的枫叶了，反正孩子一打电话，我和爱人开车就上路了。

孩子北京的小区，其实是很老的，当初我一眼看上的，就是小区里满是的红枫树。许是朴素的文人情结吧，我一向偏爱各种树木，尤其是有了岁月的老树，总觉得有精灵在。

比如这些老枫树吧，在这秋冬交接之际，不动声色地绚烂，似乎在昭示着什么。一段时间以来，我和许多女人一样，走着走着，一个激灵，发现自己已是中年，突然就不想打扮了，突然就觉得一切到头了，突然就觉得百无聊赖心绪全无了。而这些老枫树呢，深秋了，霜降了，立冬了，岁月的无声行走，反而让它们越来越绚烂妩媚了。

有一天，我站在窗前看那些树，绿叶红叶黄叶都静美得可以，夕阳的余晖打在叶子上，更多了一层明丽动人。突然一阵风来，那些叶子樱花一样扑簌簌落下，我手足无措地跑出屋子，很伤感又很无奈地陪着它们落下，一忽儿，地面上已经满满都是各色叶子，我的泪差点

秋亭诗思图 （明）蓝瑛

儿落下来。

风过去了，树又安静了，叶子红的红黄的黄绿的绿，我漫步在铺满落叶的窗前小径，也安静了下来，那一刻，我也如秋叶一样静美了。风来了，风住了，起起落落，该随风的随风了，该留住的留住了，只留一心安然看天地静美。此时此刻，感觉自己就是那一棵红枫树，一棵会行走的红枫树。

弯腰捡拾几枚红枫叶，进屋放在给孩子收藏的十五年老普洱砖旁，和我随心敲下的那些文字一样，纪念一下日子。然后，烧水，煮茶，在一屋子的茶香里，回到自己的内心。

第二日一早，沐浴，更衣，换上瑞蚨祥蚕丝手绘中式上衣，穿上绣花的老北京布鞋，由孩子陪着，精精神神去正阳书局听明洲师兄《茶经》新注读书会。

正阳书局是临街的一个传统的古老院落，院内有北京城唯一的一座八角九层砖塔，是金代高僧万松行秀圆寂后的墓塔。小院内藤萝修竹，一枝红了叶子的爬山虎下，竟然垂下一个青葫芦。院子周围，都是读书的竹藤椅。四扇斑驳的老门板，两扇刻了“无事可静坐；闲情且读书”；两扇刻了“礼乐家声远；诗书世泽长”。旁边一个木格子窗里传出古琴声，我探头一看，明洲师兄正在屋内为新书签名。

走进去，这间到处都是书的小屋子里，已经坐满了参加读书会的人，越来越多的现代人希望从古人那里从茶那里找回失落的幸福感。

这是人的幸事，也是茶的幸事。

当一个人走过了表层的舒服，和茶建立了深层次的联结之后，身心也会随之而变。当茶成了一种生活方式，忙碌的日子有了节律，周末的光阴有了温暖，人的心底有了山林有了感念，总之，有了敬畏和幸福感。日子越来越简素了，心越来越简单了，浓的变淡了，重的变轻了，生活有了韵，一切都变得有滋有味意韵悠长了。这样，再回过头去看陆羽读《茶经》，才发现，原来这样的美妙在古人那里已是平常，且体验更为纯粹更为厚重。这个感觉就像汉字简笔遇上了繁体。

此时，我老家的两个茶友，正在各自的家里起炭煮茶，那红红的炉火让身在京城的我也热热。立冬了，今晚回家，守候着屋外的那些红枫树，我要为我的孩子们好好煮上一壶老茶。

二 舌尖上的立冬

民俗说：立冬晴，一冬凌；立冬阴，一冬温。七点起床，拉开窗帘，晨曦打在红枫树上，像晨起静女在梳妆，今年注定是一个寒冷的冬天了。这倒不是什么坏事，天寒阳气敛藏得会格外好，万物、人身的根基也会特别稳，想想有一整个冬天可以安心偎着煮茶、读书，回到内心藏养，感觉很是幸福。

孩子说下班后要带她的两个同事来家吃饺子，我早早准备出羊肉南瓜、素白萝卜两种馅儿。还没和面，女友打来电话：“在京城也不要忘了立冬吃饺子啊！”我笑了，暖暖的。

女友的妈妈是过去大户人家的小姐，大字不识几个，却生活得很讲究。一年到头，大大小小的节日，包括二十四节气，都像模像样儿地过。如今，老人已近八十岁了，依然把日子经营得井井有条一丝不苟。有这样的妈妈，女友当然也不会差。

立冬了，老人比平日起床晚了一个小时，说是要早卧晚起，陪着太阳休息。起床后，老人的第一件事儿，就是熬黑芝麻粥。老人先把黑芝麻炒熟，用擀面杖在面板上压碎，然后淘米。粳米和黑芝麻入锅同煮，待旺火煮沸后，又改文火煮至黏稠。停火后，粥盛入碗内，香喷喷的一天便开始了。

每当女友和我说起这些，我都是羡慕不已。这碗简单的黑芝麻粥，是《本草纲目》里的立冬食方，有补益肝肾、滋养五脏的功效。老人不一定知，却在岁月里延续着祖先的文化和传统。

立冬的中午，女友家要吃倭瓜饺子。饺子，源于“交子之时”一说，立冬，是秋天和冬天的拐角，当然要吃饺子。倭瓜，我们当地俗称“南瓜”“大瓜”，到了秋天，村边地沿儿，满地滚的叽里咕噜都是。因为多，很多人不怎么待见它，哪里知道这可是补养气血的绝佳菜品呢。蒸倭瓜，炖倭瓜，熬倭瓜粥，怎么吃怎么养人。做饺子馅儿，当然要选那些娇娇嫩嫩的倭瓜了。老人拿出早就准备好的嫩倭瓜，洗净擦成细条，撒点盐放一边，便开始和面了。距离中午还很远，老人忙得也极为舒展，过节气，享受的就是守着时光的安宁和从容，急啥？

面里照常要打上一个鸡蛋，这样面才劲道，面和好后盖盖儿醒着，开始弄馅儿。倭瓜丝被盐一打出了汤汁，用手攥干备用。馅儿分荤素两种：素馅儿，南瓜丝加上炒好的鸡蛋、虾皮、葱姜末，放上盐、油搅拌即可；肉馅儿，女友一家对羊肉不亲，她妈妈会提前把瘦猪肉切小丁，加少许酱油偎着，然后放入花椒粉、葱姜末、油、盐和好，再放入南瓜丝拌匀。

接下来，揉面擀皮包饺子煮饺子，一顿立冬日的养生美味，带着浓浓的爱，就上桌了。

一家人围坐，热热乎乎吃饺子，一个不小心，便是要吃撑的。到了晚上，便必不可少一盘清淡的菜。两个番茄，一节藕，番茄去皮，藕切片，煮上三五分钟，然后一并入盘，撒上糖即食，又是一道养生佳肴。

立冬这一天，几十年里，女友的妈妈一直都是这么过来的。老人

猫趣　张大千

从来也不吃那些燕窝一类的补品，她只把自己安顿在日子里，跟着四季轮回。每到一个节日，她都会延续着祖上的传统，把寻常的一碗粥、一盘菜、一顿饺子，经营得有声有色，意味悠长。这就是中国式的养生。

如今，这样不紧不慢的精致生活，在大都市尤其在年轻人中已日渐陌生了，我的孩子能想起立冬和饺子，说明心里装了自然和节令，真的就不错了。和面，揉进满满的爱意，等孩子们下班回家，吃饺子，煮老茶。

三　“一葉”茗事

立冬前两天，十月初六，经过十几年的积淀，五年的涵养，一百天的准备，随缘的新店正式挂牌了。

五点零八分，吉时请香；七点搬东西；九点钟，怀虚道人、本愿师父和随缘的三两个至交相继赶到了。随缘凡事不张扬，聚合的朋友也低调，大家静立店门前，听怀虚道人讲牌匾题字。

门楣的设计是含蓄、素雅的传统木质结构飞檐翘角；门口台阶是老榆木碎板，取义“岁岁平安”；门柄是雕刻精美的两条小鲶鱼，取义“年年有余”。一楼门匾刻了“刘一壶”的字号，是怀虚道人的题字。“刘一壶”是随缘在茶人圈的江湖字号，每次茶人相聚，主泡大多都是随缘，有意思的是，每次随缘泡茶，不经意都会有一泡茶留在茶聚时间之外，于是茶友戏言随缘是“刘（留）一壶”。

门侧对联也颇值得玩味，是本愿师父撰联、怀虚道人书写的：上联是“半盏相邀诠四谛和静清寂”，下联是“一叶之缘结三友直谅多闻”。上联是茶道里的佛教精神，下联是茶事中的儒家追求，对联由道家怀虚道人书写，一壶一叶中，儒、释、道文化融合为一。一僧、一道、一儒商，三人伫立谈笑风生的情景，让我再次想起了“虎溪三笑”。

虎溪三笑　（清）倪田　王震　吴昌硕合作

二楼的牌匾“事茗”也是怀虚道人题写。寻常的茶事，却是随缘的终极追求。他有一首自题小诗：“日长何所事，茗碗自赍持。料得南窗下，清风满鬓丝。”这可真是他最传神的生命写真了。

“事茗”牌匾下，有一排小牌子，分别刻了小店的茶品，还有随缘的核心追求：自然、传承、坚守、践行。这个私下我们多有交流，如今他挂起了牌子，这就是随缘递给这个世界的一张有温度的名片，也是他在秉承自然和传统的路上的一份气度，他是真的奔着一家百年老店走去了。

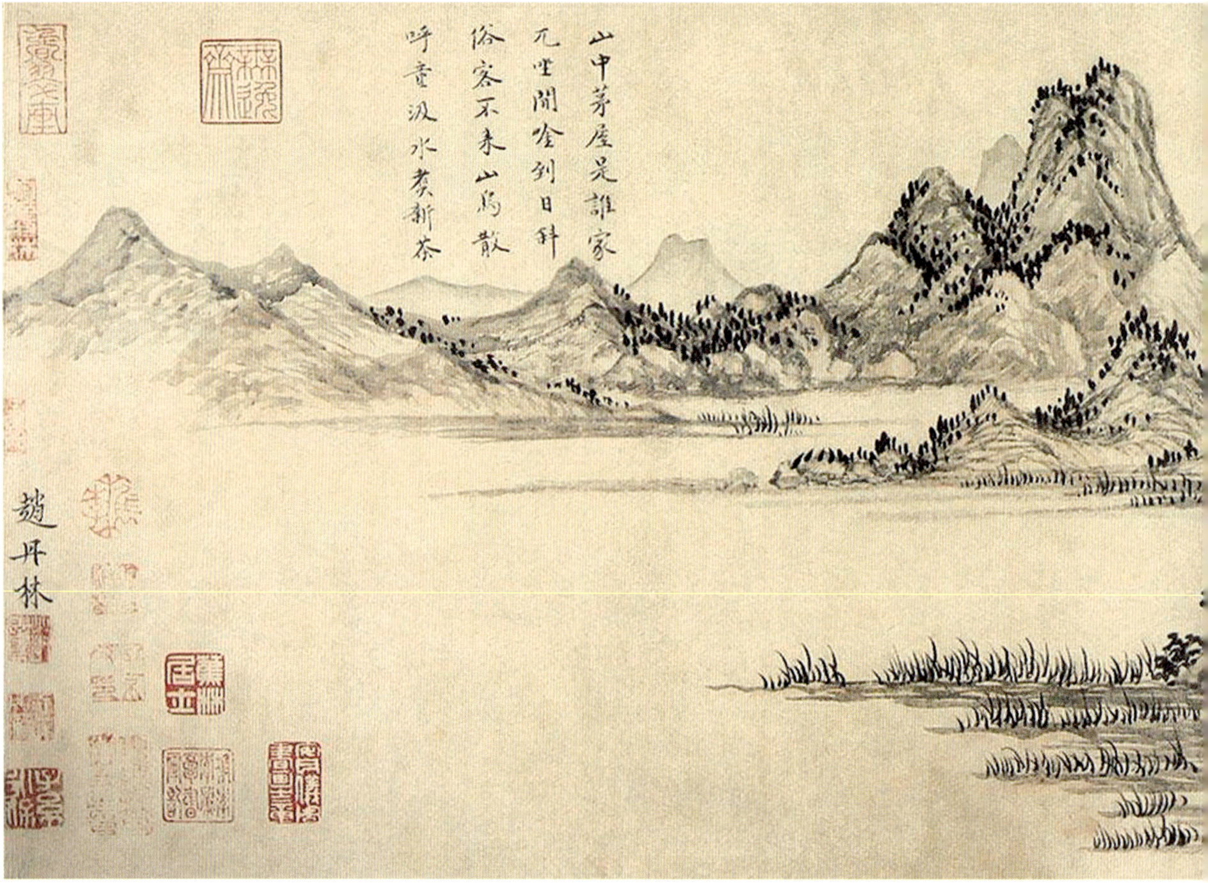

陆羽烹茶图　（元）赵原

三楼侧匾“一葉仙露”，极容易让人想起卢仝的《七碗茶诗》里“五碗肌骨清，六碗通仙灵。七碗吃不得也，唯觉两腋习习清风生。蓬莱山，在何处？玉川子乘此清风欲归去”。怕是只有极爱茶的修道之人，才会有这样的生命体悟吧。

屋内格局，也是井井有条。楼梯台阶，是一色的老船板；随处装点，是一色的老木格子门窗；老门板茶案放在一楼，周围都是随缘钟爱的茶。二楼一套红木八仙桌旁，供了一尊地藏王菩萨像，周围皆是随缘收藏的名品紫砂壶。三楼放小榻榻米，除了随缘，少有人进入，

那是他一个人闻香品茗的养心处，也是他在“一葉仙露”中神会仙灵的修道台。

立冬的夜晚，随缘的几个弟子聚过来，喝茶，聊天。青林泡茶，只一味泡茶，随缘他们说的什么，她似乎一句也没有听到。泡茶的，喝茶的，都沉醉在自己的世界中，各自安好，又是那么和谐。这个夜晚，青林茶泡得格外好，大家也喝得格外受用。随缘话不多，极有感触了就拽两句：轮回转世几多年，寻寻觅觅苦中求，无名之时我是谁，有名之时又是谁！希言至真见真性，忘机无忧山林中，终是一叶之中见大观。他的话，都在那些茶里了。

十月初九，武夷山的孝文和小温前来祝贺，带来的茶品直接入了随缘的心。孝文带了“金陵十二钗”，这是随缘多年来一直想做的岩茶。孝文家那些紫龙袍、白鸡冠等小品种正岩茶，确如金陵的十二个女子，个个曼妙，却又带了各自的风神。小温也带来了不知岁的老红茶。

吉时泡茶，孝文主泡，不是“金陵十二钗”，当然是肉桂当头。肉桂又名玉桂，是多么吉祥的好彩头。茶案兰花半嫣，盏中桂香满堂，茶路漫漫，但愿一切的如意，都如今日的兰桂齐芳。

小　雪

——迎冬小雪至，应节晚虹藏

一候，虹藏不见；二候，天气上升；三候，地气下降。

一　白菜豆腐汤

小雪节前最后一个阳光明媚的日子，发小儿们相约去麦田旁挖秋野菜，因为要陪海外归来的敏子，我没有去，只在家等待晚上小聚。傍晚，儿人提着一袋子野菜到了，进门就嚷嚷要喝白菜豆腐汤，这怕是大家从小到大永远也喝不够的一碗汤了。

发小儿择野菜，我做白菜豆腐汤。沿袭农家做法，白菜切方块，豆腐切长条，葱花、姜丝、虾皮炝锅，放入白菜翻炒，然后放入豆腐，撒盐，加水，水开后调点儿面糊，撒上香菜出锅。一人一碗豆腐汤，章丘大葱蘸清蒸虾酱吃窝窝头，个个吃得酣畅。

这个节令，小城街头的萝卜白菜，一摞一摞的，老熟人一样随处可见，真是亲切极了。于是，家家的餐桌上，总会少不得一盘白菜豆腐粉条肉和一碗白菜豆腐汤。

这一碗白菜豆腐汤，也是中医朋友这个时令最喜欢开的一味中药。不只是白菜豆腐汤，围巾也是他喜欢开的一味中药。

前两天我去他那里玩儿，东北风刮得并不大，但也是透心凉，到

蔬果卷　（清）杨晋

了朋友处，我的脸上已经写满了不舒泰。“霜打的茄子一样，下次出门戴个帽子，围巾也行。”朋友笑着招呼我坐下。

毕竟天还不算太冷，我喜欢利落，这个季节从不用帽子围巾什么的。朋友说：“那可不行！‘头为诸阳之会’。也就是说头部是所有阳经汇聚的地方，最不能受风寒。不要等到严冬，出门一定要戴帽子，围围巾，一定要注意防寒，保护阳气。”我吐吐舌头点了点头。

朋友医案的对面，坐了一个三十出头的小伙子，线条很刚毅，算是个型男，却长了一脸疙瘩，嘴角也有些干裂。朋友把了把脉，说是上火了，并无大碍。“这么冷的天还会上火？真是年轻啊！”我感叹。朋友瞥瞥我没说话。

小伙子说，天冷了，和哥们儿连吃了三天涮羊肉，结果嘴也烂了，疙瘩也起来了，心头老是像有火苗子蹭蹭蹿。

朋友说，不单纯是因为涮羊肉，主要是这个节气里，室内开始供暖了，可是外面寒冷，人们出门穿得严实，体内的热气散发不出去，所以这个时候特容易生“内火”。上火大了，就容易口腔溃疡，甚至脸上的疙瘩也会比平日里多，这些就是内火的表现。寒冷的日子里，人们都喜欢吃热乎乎的食物，但是过于麻辣的食物最好不要多吃，这会火上浇油的。

小伙子有些不好意思了，他挠挠头问：“那我吃点什么药呢？”朋友笑笑，“白菜豆腐汤，连着喝上三天，就没事了。”“就这么简单？”小伙子有些惊讶。“就这么简单。”朋友说。小伙子乐呵呵离开了。

“你就不能装模作样抓点儿药？”我当然了解朋友的医品，只是故意调侃。他也知道我是开玩笑，笑着说：“很多人把中药当救命的稻草，哪里知道五谷蔬菜就是良方啊。”

“我不上火，是不是也可以喝白菜豆腐汤？”我也知道药疗不如食疗，故意无理取闹。朋友却正色道：“当然可以啊，建议你也连喝三天清汤，白菜豆腐汤、菠菜豆腐汤、萝卜豆腐汤都可以。只喝汤，别的什么也不要吃，正好清理一下肠胃。”

我不再调皮，很认真地问朋友其中道理。他说，白菜豆腐汤、菠菜豆腐汤等，既暖和又能滋补津液。白菜、萝卜都是当季蔬菜，富含维生素及多种微量元素。而且，白萝卜能清火、降气、消食，非常适合这个节气里食用，连喝几天，肠胃清理干净了，重新启动免疫系统，可以增加免疫力。

我突然想起朱元璋那个珍珠翡翠白玉汤的故事。白菜豆腐太平常了，所以人往往会轻慢了它。成了贵族，更是不屑于这些粗俭家常。大道至简，人却觉得太简单了没分量。人心如此纷繁，哪里还能活得简单呢?

小雪将至，真心希望大家都能归本，简简单单、安安生生过个冬日子。

二　小雪无念

节令是最有灵性的，明日小雪节气，今日便飘飘洒洒了细雨微雪。“晚来天欲雪，能饮一杯无?”傍晚，我向好友发出邀请。这样应景的天气，如果少了一场茶的盛事，总觉小有遗憾。

前日，端阳姐在她家小院折了几枝名品菊花送来插花，我拣了一枝黄色古龙须、一枝纯色白毛狮子插入老梅花酒瓶，敏子把剩下的墨菊、泥金香、金皇后、点绛唇等插入一个“文革”粉彩老茶壶供佛，这一屋子的菊花清香和小雪的清冷很衬。敏子换了简约的新茶席，绛红的粗布，蓝条纹的手工杯垫上放了四只她送我的柴烧粗盏，很古朴，也有韵。

喝什么茶品呢?许是近日纷杂，我的眼光落在了那款“無念”上。这块小岩砖，原料就是孝文家牛栏坑肉桂的老黄片，也就是我在老家平房经常煮着喝的老岩茶。“無念”的茶名，那个爱喝茶的厨子曾有精当阐释。他说:

秋菊图　吴昌硕

随缘有茶，取名“無念”，吾不解。随缘说：但净本心，有六识知六觉，不染不杂，通透有余。来，随心；走，随意。物随形见拙，温壶沏之，香气由生，渐远渐近，不张扬，不怯懦。初入口，平淡无奇，少顷，暗香涌动，绵绵不绝，几泡入腹，温暖尤嘉，清冽在，岩韵生。果真乞丐外表，帝王身家。常言：一念天堂，一念地狱。《六祖坛经·般若品》言：“若见一切法，心不染著，是为‘無念’。”

茶，一直就是随缘的修行之路。茶名“無念”，其实哪一款茶，都是他的心念。文字，也是我的修行之路。在路上，我遇见了随缘，当然也是心念所致。所以我的文字里，总会有随缘茶的气息。今日小雪，一个洁净无染的日子，就喝“無念”吧。

好的心念，就会感召好的气息。似是心有灵犀，此时，弟子润和堂主人带了1941年的老岩“無念”登门茶聚，我乐，敏子直拍手，大家都期待。

从1941年到如今，七十余年，不管多少风云变幻，老岩“無念”都像高僧一样静静陪伴。老岩“無念”背后的那些故事，落在茶汤里也不是五味杂陈，只有一股浓浓的药香和木香。那茶气，也是一个细胞一个细胞渐次细腻抚慰，是冬日漫漫长夜里围炉捧读古书的感觉。

弟子说，最早封存了二斤“無念”，最近开封，茶却只有一斤六两了。我诧异，弟子说那四两已经归尘了，这仅余的一斤六两，也是喝一泡少一泡，再也找不到了。我心有动，我深懂爱茶人那份无奈的痛惜。但世间一切，最终都是尘归尘土归土，如果由此能深谙无常，明了万法如一，懂得感念，活在当下，随顺万缘，那也就是“無念”了。

已经不知喝了多少杯了。起初，大家还窃窃私语，感叹一下老茶的奇妙，喝着喝着，就都静默下来了。我悄悄打开尼泊尔梵乐，一时间，梵音、菊香、老茶的药香，在整个小茶室流荡开来。我突然感觉自己隐去了，仿佛整个世界，只有梵音、菊香、老茶的药香。喝茶至

祝寿图　张大千

此，当是真的“無念”了。

夜越发沉静了，小雪还在不紧不慢地飘着，屋内，几个人都已化在了时光里，这个世界好静啊。当心静下来时，如静潭无波痕，那一潭静默里映出的天光云影也各得自在。各安其位，勿扰他心，这是多么好的生命状态！只是人多不安分，总喜欢把安静搅拌成喧嚣，然后在热闹里寻找一份满足。

其实，真正的自足从来都是在安静中得到的，犹如眼前的一杯老茶。夜渐长，冬渐深，让我们都安静在日子里吧，让自己静到“無念”，欢喜、自在，多好。

三　老柳人家

小雪后，天一味地清冷，我惦记着老屋的老爹，便和爱人回乡了。一路上有阳光，有薄雾，透了光的薄雾带了轻纱的迷蒙和清凉。大地日渐沉静，南方秋深正浓，北方的树叶却几近落光了，生命的尽头，总是这样回归了安静。

下了国道，车子拐向老家的方向，老柳的身影便清晰地凸显出来了。那老柳的剪影，远远望上去，犹如小山峦的连绵。

老柳、老枣树，是我老家的名片：老枣树都是有了岁月的，皴裂的树皮，丑陋的枝干，花也素小，却极甜香；枣是小枣，也极甜极养人。屋后、村边，老家有老枣树的地方，总会有老柳树相伴。

老柳不是垂柳，它没有那么婀娜，粗粗的树干支撑着一个巨大的树冠，稳稳地安住，像是老家的保护伞。它春日最早鹅黄，秋日最晚凋零，即使到了小雪节，满树的柳叶儿仍然不紧不慢地飘落。

老家有句俗语：奔着柳树要枣吃。这当然是个方向性错误。但在我的心目中，老柳和老枣树，如同老娘和老爹，真的分不来。老柳的静美和老枣树的沧桑，都是老家的温暖。

车子经过老家毗邻的小堤柳庄，爱人说要去看看美丽乡村，我们便一起进了村。小堤柳，这个村庄的名字就带了诗意，容易让人想起古柳河畔老柳的风情。如今，古柳河只留下了黄河入海的古河道，还有一棵千年古槐树、一座旧城的遗址，老柳树也越来越少了。

近年，小堤柳庄打出了美丽乡村的名片，方方正正的砖瓦平房，家家门口一排金黄色的玉米盏子，屋前门后的木栅栏内，都是小菜园，更多了一些田园的味道。村子中心的大广场上，健身的器材，休闲的棋盘，怀旧的石磨，拙朴的粮囤，还有“仁、义、礼、智、信”等字样的中华文化墙，给人的感觉既别致又亲切。爱人一路啧啧，我的眼睛也一路温润，不过，我们心底的温度一定有所不同，毕竟这是我老家的地面儿。

出了小堤柳三四华里，便是我的老家六间堂。那是一个被老柳树环绕着的村庄，很小，也很静。我总是这样和朋友介绍我的老家。

娘去世后，我心中有意无意总把老柳和娘联系在一起。每次回

百事如意 （清）赵之谦

家，远远地热了眼的是村头的那几棵老柳树，春天一树鹅黄，夏天一树青葱，秋天一树斑斓，到了冬天，叶落尽了，枝条也不会枯干，仍是一树柔软。每每看见老柳树，我就想起在老屋门口翘首的娘。

小时候和娘下地，每次从老柳树下经过，娘都会折下一枝柳枝，一路上边赶马车边轻轻揉捏柳枝，一会儿，一管带着树皮清香的柳笛便做成了。坐着马车，吹着柳笛，我那时候便感觉是第一等的美事儿。

傍晚下地回家，跑到村边的池塘洗脸洗脚。水很干净，对面一排老柳树下，一群白鹅正大摇大摆回家。池塘上岸，是大片的菜地，白菜、萝卜都水灵灵爱煞人。娘随便拔下一根，晚餐上便多了一样清鲜。每每忆及那些往事，又享受又伤感。

车到了家门口，和爹打过招呼，我径自往村西走，爱人知道我是去找那两排老柳树，故意在我身后嚷嚷："别让人把你当兔子打了啊。"我不理他，一直往前走。

最近几年，老柳树被村人砍伐得厉害，保留最完整的就是村西路旁的两排老柳树了。回老家，只要有闲，我都会在老柳树下走走，那些儿时的欢乐便会浮上嘴角。路边的打麦场也是不能不去的，这个时节，玉米秸围起的麦场只有刚脱下的玉米粒和光秃秃的玉米瓤子，那粮食的气息却是一样醉人。

老屋的炊烟升起来了，我似乎闻到了灶台里柴禾燃烧的香气。我赶紧回家，路过池塘，老柳尚在，只是没有了水，满满一坑的芦苇，颜色已如旧书泛黄，那便是时间的痕迹吧。

如果六间堂，也打造成了小堤柳那样的美丽乡村，会是什么样？我在心中构想。不管怎么样，把那些老柳树留下吧，那是如我一样的游子生命深层老家的气息。因为那缕气息，不管走多远多久，老家在我心底都是光亮鲜活的。

因为，老柳树下的老家，是我一生也走不出的永远的酸楚和温暖。

大　雪

——夜深知雪重，时闻折竹声

一候，鹖鴠不鸣；二候，虎始交；三候，荔挺出。

一　素食的爱人

古谚说：大雪羊肉可劲补，来年开春可打虎。但此种养生对爱人不起作用，他食素。

大雪无雪，一大早爱人就起床晨练。他是青萍剑的正宗传人，也是三项武术类非物质文化遗产的传承人。打完一套白猿通臂拳，比画了一套青萍剑，最后一趟武当养生太极拳后，爱人已是微汗。进屋洗漱毕，他顺手打开窗子，我们便开始吃早饭。

小米粥，玉米、小米、黑豆三合面的窝头，一盘清炒大白菜，一碟暴腌的姜丝青萝卜，一根大葱，一碟家做的黑酱，几乎天天如此，爱人却吃得津津有味。饭后，爱人嚼了三四个山楂果，然后习惯性称体重。八十公斤，爱人一米七八的个子，多年来都保持着这个记录。他几乎不生病，身体各项指标一直正常，去年查出一个甲状腺结节，他也不甚在意，今年再体检，结节竟然小了。

起初，我担心爱人营养跟不上，建议他喝点羊肉汤，爱人坚决反对，还找出了大雪节素食一样养生的理论依据——三“大”养生法。

观音　张大千

第一“大”，就是大白菜。我是村里人，从小吃白菜粉条长大，那白菜从来都是切大块下锅，爱人却喜欢竖着切成细细的丝炖豆腐吃，偶尔也会斜斜片成片儿炒糖醋白菜，都挺好吃。问他其中道理，他说大白菜含有丰富的粗纤维，不但能润肠、排毒，还刺激肠胃蠕动；如果竖着切，效果会更好一些。

儿子和媳妇儿从北京回乡，爱人也这样给孩子做白菜吃。他说大雪节气空气格外干燥，上班族上班、回家，都关在暖气屋子里，所以皮肤的水分也流失得更快，而大白菜中含有丰富的维生素C、维生素E，可以起到很好的护肤和养颜效果。儿子故意调皮，“咱家天天吃白菜，老爸皮肤为啥还那么黑？”爱人气得瞪眼，“你妈可是白白胖胖！”转而向儿媳谄语：“咱家男人都善于养妻啊。”儿媳是个精灵，故作神色点头，“那是那是。”一家人笑翻了天。

这第二“大”有些奇葩，是大红萝卜缨子。

秋日红萝卜青萝卜白萝卜收获时，那真叫一个水灵灵脆生生。颜值最高的自然是红萝卜，圆润的红萝卜顶着翠绿的缨子，揪下来焯一下切碎做菜团子吃，那清鲜的气息很是让人痴迷。最最重要的，萝卜缨含钙量极高，补钙效果比黄豆还要好。

时令到了大雪节气，阳光微弱，人体受气温的影响，生理功能和食欲均会发生变化。所以，更要适当调整日常的饮食，保证身体充足的钙源，让冬日过得暖洋洋。人到中年，钙流失量大，多吃大红萝卜缨子，或凉拌或做馅儿，于身体最相宜。只可惜，人大多习惯于削掉萝卜缨子，白白浪费了一道补钙佳品。

第三“大”是爱人的最爱——大葱。

起初，我讨厌爱人嘴里的大葱味儿，他就天天喝松烟味儿正山小种。大葱和小种，一个是下里巴人，一个是阳春白雪，就如是和谐在爱人的世界里。配着大葱吃的，一定是家做的黑酱和窝窝头。

除却个人喜好，其中的养生知识爱人也说得头头是道。他说冬天阳气潜藏，吃大葱能“通阳”。虽然大葱的葱绿部分比葱白部分营养

海棠白头　张大千

含量高得多，但是从通阳和食疗的角度看，葱白的效用更大一些。所以风寒感冒的很多经典食疗方，都有葱白入药，如葱豉汤的主要成分就是葱白。

除了用于风寒感冒，大葱对于阴寒腹痛、恶寒发热、头痛鼻塞、乳汁不通等，也有一定的食疗效果。听爱人一套一套讲得蛮有道理，我乐了，不再勉强一个素食主义者喝羊汤。爱人可有些得寸进尺，故意板着脸说："每次我吃大葱，你都嫌有味儿，要悔改啊！"

我说改也不是，说不改也不是，只有狠狠地瞪着他。爱人哈哈一笑，一句京剧道白："青菜萝卜糙米饭，瓦壶天水菊花茶。"一转身进了书房，他又开始抄写《心经》了。

二　抄经和品茶

我也爱上了抄经，这个冬日，我把自己藏养在了《心经》里。我抄的是邓石如的《心经》小篆，不只是修心，我想在书写中找一找汉字源头的温度和色彩，仓颉造字时“天雨粟，鬼夜哭”，那么每一个汉字的诞生，一定是带了神性和灵性。所以每写一笔，我都力求用灵魂靠近汉字源头的圣洁，又每每因为不能抵达而叹惋。

正抄着经，几位茶友到了，今日大雪，我们约好了下午茶会。不用焚香静心，我拿出去泉城时随缘送我的“积善”青砖，让大家看后面“积善之家必有余庆，积不善之家必有余殃”的古训，给大家讲进店品肉桂带着“积善”回家的美好寓意。做人做事的源头都在其中了，大家如是感叹。

不过，“积善”是生普洱，茶友都是女性，我们是不喝的。我们喝的第一泡茶，还是“無念”。“無念”是随缘推出的茶系列，共四款。除了小雪茶会我们喝的2014年的一款岩茶，还有2016年的传统红茶、曼松生普、昔归熟普各一款。每一款茶分别代表了福、禄、寿、喜，如此人生“無念”。

今日还是喝岩茶“無念”，分盏时我笑着说：“好好喝吧，每一杯都是福啊。”我又想起了今年立夏时的武夷山一行，在岩茶的源头，我见过和溪流、云岚相伴的古老茶园，见过踏踏实实世代做茶的孝文一家，见过茶叶从采青、晒青、摇青、杀青等至烘焙的整个过程，我深深知道，喝到一杯干净自然的传统工艺茶，在当下社会是多么的不容易。所谓“人有善愿，天必佑之”，今日能喝到这样一杯茶，一定是累世的善心积得的福报吧。

“無念”至空，我又想到了《心经》。抄经首选《心经》，是我的缘分。记得当初遇见《心经》，当下欢喜，八分钟就背下了。虽然一直未觅得空性，但那份喜欢一直在。也因此收集了很多书法家写的行、

烘炉观雪　（清）佚名

草、隶、篆不同《心经》版本，今日抄经，我自然而然就选择了《心经》，对“空”的了悟似乎也一直在进步。

茶和汉字，回到源头，都是干净、自然，一片清明，也都带了神性和灵性，人的每一次品饮和书写，都是对原始的神性和灵性的礼敬，一次次的礼敬，人心也会越来越接近源头，再次出发时，便有了生命力，也有了温度。

有一次，书法家刘果鑫讲“雪”字的源头，他说“雪”字，古文字是“雨”下一个“彗”字，“彗”是手拿着扫帚，意思就是除尘。雨随着气温降低凝成了雪，就相当于雨洗过了微尘。所以，大雪过后，不只是大地一片素白，空气也格外干净、清新。

古人这样解读大雪节气：“大者，盛也，至此而雪盛也。”相比较而言，我更喜欢果鑫的解读，他理解的文字总是那么有生命，有温度，有色彩，还有人文。

涤尘，这是“雪”的内涵，不也正是茶的内涵吗？一个人，不管你带了多少性格的心灵的灰尘，一旦坐在了茶案旁，那一杯杯的清茶，都会缓缓地洗去尘埃，让你清亮，让你安静，让你和自己的心同在。抄经也是啊，当人沉静在一笔一画中，心无念，只是一味空明，

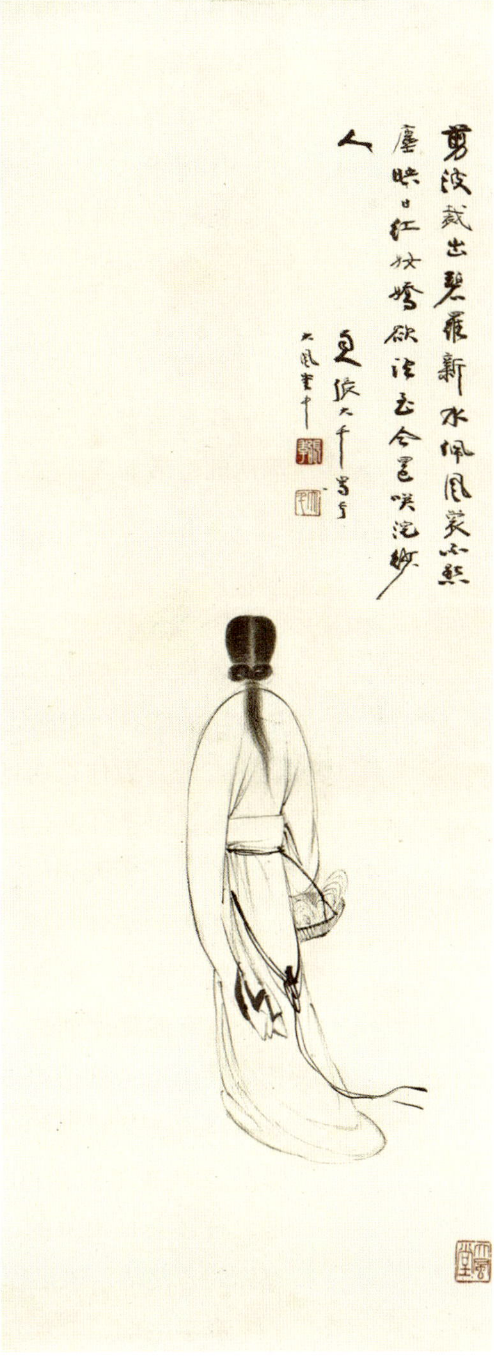

浣纱图　张大千

如朗月在心，上下澄澈，哪里还有什么无明？

“無念”喝尽，换了“厚朴”，这一款2008年的熟普洱越发醇厚了，大家的心也越发沉静，花瓶里的映山红悄然绽放，给白雪节令添了一抹嫣然。

祈愿岁月静好，念念如是美好。

三 吉祥光

我有至友，二十年前的大雪节气喜结良缘，送他一缕吉祥光，祝福他的生活如雪祥瑞，也祝福天下人永得吉祥。

遇 见

就像是一座山呼唤着一条河，一个男人和一个女人的邂逅，一定是今生的感召，而那缘分的后面，一定有三世的背景。

否则，为什么遇见的是他（她）？为什么牵手的是她（他）？如若深知，相逢时应会拈花微笑。

人是天地精灵，一出生就带了天地的气息。男人是山，女人是水。男人的情怀刚毅、挺拔、参天，女人的心性柔和、清亮、润地。绿水绕了青山，便缠绵出了山清水秀的人间吉祥光。

没有遇见之前，一切都莫急。那个男人，需要成长，他要让自己长成高山上一棵值得依靠的树；那个女人，需要芬芳，她要让自己开成水泽边一朵可以相守的花。这期间，会有风，有雨，有摇摆，有蝴蝶乱飞，甚至树会折枝花会凋零。但一切无碍。树是你的树吗？若是，枝还会长出来的。花是你的花吗？若是，花也会再开的。善待，是你的；慢待，该是你的还是你的。

牵手之前，一切也莫急。天地万物，都有属于自己的一个位置。男人长成了一棵什么样的树？是否能够遮风挡雨？女人开成了一朵什

青城旧事 张大千

么样的花？是否能弥漫芬芳？等待，是为的遇见最好的自己，因为只有最好的自己才能遇见最好的他（她）。

即使不够完美，一切更莫急。一个人的成长，是一辈子的事儿。一生的时光，都是为的守望成长。只要有吉祥光，不愁成长。

执　手

任何一个男人的身边，都会有一个女人，就如同任何一个女人的身边，都会有一个男人，这就是阴阳。阴阳是什么？是太极圈里两条游弋的阴阳鱼，一生推手，不离一个圆满。

遇见，她（他）是从该来的地方来；执手，他（她）是往该去的地方去。你是行路人，我也是行路人，吾与尔同行。

同行中寻常的日子，最容易磨损人的热情，却可以一缕一缕收集温暖。女人做了母亲，会更母性；男人做了父亲，会更爷们儿。爸爸怎么当？妈妈怎么做？孩子怎么长？焦虑不是阳光，干预不是空气，只要尊重生命，顺应天性，关注生长，便是一家人的吉祥光。

希望对方成为自己希望的样子，而不是希望对方成为自己本原的样子，这是一切烦恼的源头。把视线拉回到自己的身上吧，静静观心，做好自己，这是自己最好的成长，也是给对方最好的成长。

做了母亲的女人，是一家子的魂儿：男人有了这个魂儿，心安，不乱；孩子有了这个魂儿，人正，神宁。一个好母亲，有爱就够了，如果非要再有，那就多点智慧吧。因为爱和智慧，都是吉祥光。

偕　老

二十年有多长？站在起点上，恁长恁长，长得看不到头儿；踩在终点上，回望，好短好短，不过弹指一挥间。

一个女人，从小女子到大女人再到老祖母；一个男人，从小伙子

立持如意 （清）佚名

到大丈夫再到老顽童。生命原本就是这么变幻无常，悲喜也无常，功过也无常，是非也无常。因为无常，尤需慈悲。

凡是已经发生了的，刚刚好，正是应该发生，平和、包容、感念，便是慈悲。无论疾病、贫穷、劳顿，甚至灾难；无论康宁、欢喜、安然，甚至富贵，来了什么，只管接着什么。因为这所有的一切，都是佛陀送你的吉祥光。

男人，当你终成了老顽童，有天真就够了，承天守真，你就是女人的吉祥光；女人，当你老成了老祖母，有慈祥就够了，慈善祥和，你就是一家子的吉祥光。

孔子说：少之戒色，壮之戒斗，老之戒得。对孩子，更不必老不舍心，他们各有自己的福祉，父母的信任，便是给予儿女的吉祥光。只管和他（她）相依相伴吧，年轻时聚少离多，相聚时相守的时日亦不多，老成这个样子，就是为的让你只能行走在他（她）的身边。你哪里走，她（他）哪里跟，老日子里的话语怎么也不会说完。

一起老去，终不能一起离去。想想也不必感伤，先归去的，好好打理西方，再次遇见的时候，一定会有吉祥光。或者，不再相见，也是吉祥光。

没有地老天荒，一辈子的缘分也就这么长。惜缘，就是吉祥光。

冬　至

——天时人事日相催，冬至阳生春又来

一候，蚯蚓结；二候，麋角解；三候，水泉动。

一　送你一轮冬日暖阳

冬天日头短，日子过得也快，大雪还没走远，转眼就冬至了。中医文化倡导冬至前后九天艾灸养生法，我约了女友一起去张姐的水火既济养生馆做艾灸。好友是事业女，日日活得风风火火，就是老是忘了自己，自然也不知艾灸为何物。我说艾灸就是一轮冬日的暖阳，她便稀里糊涂地欣然前往了。

古人说：“冬至大如年。”这是一个阴阳自然转换的时节，俗话说：“夏养三伏，冬补三九。”冬至恰是补阳的最佳时机。《易经》中讲此时为地雷复卦，卦象是上面五个阴爻，下面一个阳爻，象征阳气初生。冬至一阳生，万物未生时，这就和女人怀孕一样，需要精心调养，因为人只有体内阳气充足，才能祛病延年益寿。而艾灸恰好是通络升阳的最佳养生方式。

冬至当天，艾灸效果自然最好，但艾灸发挥效力需要一定的时间，所以，最好在冬至前四天就开始艾灸，加上冬至以及其后的四天，一共九天，取九九归一意。

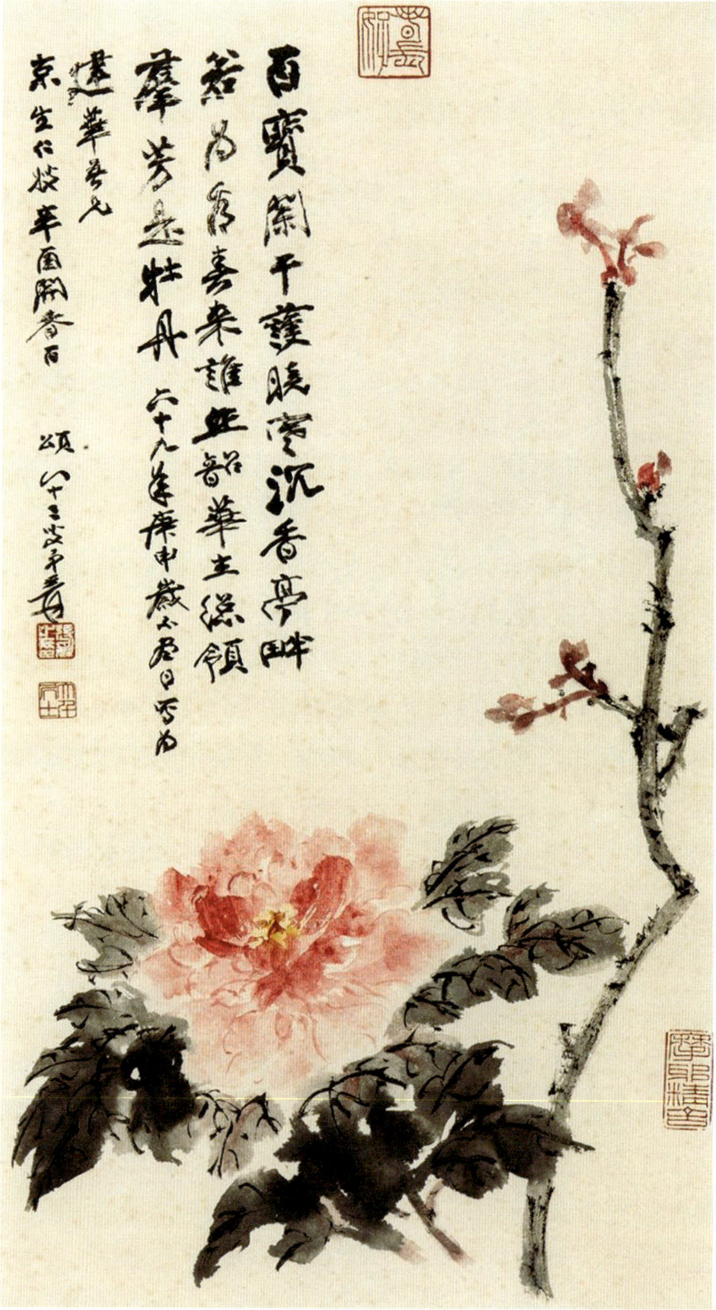

富贵天香　张大千

水火既济艾灸养生馆，在闹市的一个幽静小区。闹中取静，于现代人实属不易，熟谙中医养生之道的张姐却得了其中意思。她是笨嘴拙舌的女人，心里很灵透，但到了嘴上便朴实得和高粱米一样。时间久了，人们渐渐明白高粱米也很养人，还可以酿出醇厚的酒，就都喜欢上了张姐的实在。

水火既济的名字也起得好，这个《易经》的卦象用在中医上就是心肾相交。女友有些发懵，一味看着我，我笑着说："心肾相交，就如同天地和、甘露生。"女友似乎有些明白了，她很配合地接过张姐递过来的一杯药茶。在艾灸馆，艾灸前后都要喝黄芪、党参加枸杞泡的茶水，艾灸后还要用中药熬制的水泡脚，这样水火既济，天地通达，自然对身体很好。最关键的是，养生馆定位在大众，是属于百姓养得起的生。

女友初来，张姐亲自灸。给我做艾灸的，是馆里从来轻声细语的女孩子，她给我重点灸的两个穴位，一个是神阙穴，一个是八髎穴。她说艾灸神阙穴可将初生之阳坚固在体内，慢慢生发生长，为体所用。我知道神阙穴是五脏六腑之本，为任脉、冲脉循行之地，元气归藏之根，是连接人体先天与后天的要穴。但八髎穴我真不熟悉，女孩子笑着说："就是人体中的阴阳鱼。"我一下子明白了。

灸完八髎，再灸神阙，之后，女孩子说："顺便给您灸灸关元穴吧。"关元穴位于神阙下三寸，可以培元固本、补益下焦、调节内分泌，灸灸它自然是好的，我含笑点点头。

灸完又喝药茶，然后我和女友共用一个大木盆泡脚。我蓦然想起了小时候姐妹一个盆洗脚时你踩我一下我踩你一下的欢乐，女友心有灵犀，轻轻踩了一下我的脚，我回击力度大了些，水溅到了裤管儿，两人笑弯了腰。一会儿微汗，顿觉全身通畅，暖意融融。女友白皙的小脸蛋儿红扑扑得迷人，我笑她把自己泡成了一枚小苹果儿，她故作一本正经，"非也，我自己也是冬日的一轮暖阳。"

一旁陪伴的张姐听着高兴，却啥也说不出，只是一味看着我和女友笑眯眯，真是温暖。她也是冬日的一轮暖阳吧。

二　把心贴在日子上

冬至的一大早，天刚麻麻亮，婆母就忙活上了。

先是炖了当归生姜羊肉汤，这是北方冬至日的传统习俗，也是汉代张仲景在《金匮要略》中提到的一种药膳。原料也很简单——羊肉、当归、生姜，放水后，用砂锅慢火煨着。与此同时，老人又开始擦萝卜焯萝卜。冬至饺子夏至面，按照北方习俗，这一日要吃饺子。

羊肉汤是给公爹煲的，临近数九寒天，老人的老陈病又犯了，婆母说冬至节令要好好给公爹补养一下。羊肉汤需要文火慢炖，至少也要两个小时。这个世界上好的东西，好像都是不温不火炖出来的。

饺子馅儿选用白萝卜，也是为公爹考虑的。白萝卜可以止咳润肺，又可以通气，对老人的身体极好。冬至饺子照常分荤素两种：素的是萝卜、豆腐和熟芝麻，荤的是萝卜羊肉。婆母原先对各种节气一直马马虎虎，近几年却过得越来越认真，平常日子里也就多了很多意蕴。

包饺子是我的拿手好戏，我喜欢活在冬至这样的日子里。原先一直忙碌得没有日子，好像生活里只有繁忙和叹息。如今，把心放在了心上，日子也回来了。我喜欢把心放在一个个饺子里，就如同泡茶时喜欢把心放在一盏一盏茶汤里一样。有心的日子，和有心的饺子有心的茶汤一样好。

日子里当然也少不得传说，就如同冬天少不得米酒。那些冬至的传说，也是各有各的美妙。老北京有“冬至馄饨夏至面”的老习俗。相传汉朝时，北方匈奴经常扰边，百姓不得安宁。当时匈奴部落中有浑氏和屯氏两个首领，尤其凶残，百姓恨之入骨，就用肉馅包成角儿，取“浑”与“屯”之音，呼作“馄饨”，恨以食之，祈愿平息战乱，能过上太平日子。因为最初做馄饨是在冬至这一天，每年冬至，家家户户便吃馄饨了。

清供图　张大千

这个传说是某年的冬至在北京的同学讲给我听的。她口齿伶俐，表达极煽情，说到恨以食之，还一口一个馄饨狠狠大嚼，乐得我差点喷了汤。

我们河北人吃饺子的习俗，是源于冬至河南人吃“捏冻耳朵”的习俗。这个食俗是纪念大医张仲景的。相传南阳医圣张仲景曾在长沙为官，他告老还乡时恰逢大雪纷飞，南阳白河两岸的乡亲衣不遮体，有不少人的耳朵都被冻烂了。张仲景很慈悲，就叫弟子在南阳关东搭起医棚，把羊肉、辣椒和一些驱寒药材放置锅里煮熟，再捞出来剁碎，用面皮包成耳朵的样子，然后下锅里煮熟，做成一种叫“驱寒娇耳汤”的药物，施舍给百姓吃。服食后，乡亲们的耳朵都治好了。后来，每逢冬至人们便模仿做着吃，便有了“捏冻耳朵”的习俗。

这个习俗，是我的一个中医朋友告诉我的，他一生最敬仰的人，就是张仲景。那篇《大医精诚》，他每天都要读上一遍。

不知不觉，饺子包完了。一个个漂亮的小耳朵在秫秸盖板上一圈一圈排成圆满，只等水开了下锅煮。此时爱人回来了，他推掉了原来一直认为很重要的应酬，他好像也越来越喜欢一家人一起热热乎乎吃饺子的感觉了。

公爹八十六岁，婆母七十八岁，都到了“一则以喜一则以忧”的年纪。每次我和爱人到老人这边来，远远就看见两位老人扒着窗户翘首以盼的样子，一看见我们的身影，两位老人便高兴地不断挥手。一次我低声问爱人：“你能想象窗口边只剩一位老人的情景吗？”爱人对我好一阵训斥。

事过两年了，窗口的身影真的只剩了一个，再也没有了欢喜地招手，只有一双老眼在茫然地凝望，也总有一日，会消失了唯一的凝望。人的生命，如同在岁月里轮回的二十四节气，瞬息万变，又恒常如一。

接受一切吧，只在每一个日子里，在每一个节气中，珍惜和亲人一起的时光。那样的时光寻常至极，寻常如冬至节令的一盘饺子，也寻常如一饼古树普洱。那样的时光又意蕴悠长，悠长如一盘家常饺子的记忆，也悠长似一饼日愈醇厚的陈韵普洱。

让我们把心贴在日子上吧，有心在，虽然冬至，但每一个日子的温度，会连缀成最有人情味儿的九九消寒图。

三　心中植荷

《后汉书》中有这样的记载：“冬至前后，君子安身静体，百官绝事，不听政，择吉辰而后省事。”自汉后，冬至便成了一个独立的节日。

今日冬至，雾霾，阴雨。午后，我用抄经的残墨涂抹了一幅荷花，然后烧水，准备煮一壶老白茶喝。连续几天的雾霾，即使戴了口罩，嗓子也是麻麻的，我想喝点儿老白茶清清毒火。

打开一桶农夫山泉煮茶，我顺手打开一首《冬至》，是高晓松作词。歌词伤感又唯美，有岁月里的惆怅。“为什么天上有月亮？为什么地上有远方？为什么眼睛有泪光？看得天地之间一片白茫茫。为什么四季要歌唱？为什么我们要成长？为什么有那么

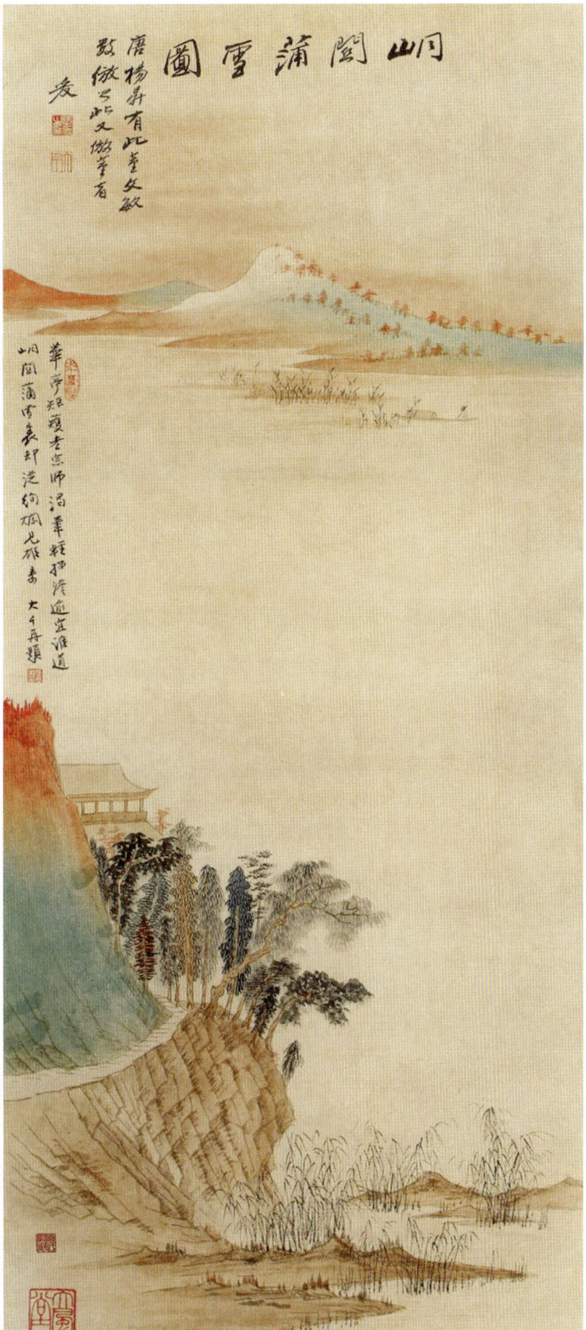

多墙？”

一首《冬至》循环播放，我默默品着老白茶，一屋子药香，一屋子岁月的感怀。我拉回思虑，把心放空，不去想文化，不去想岁月，也不去想雾霾，只是慵懒地享受着当下的茶时光。此刻，我只把自己放在了冬至这个节气之中。

门铃响了，两个女友带着雾气走进屋子，今日冬至，她们说想念含弘斋的一杯老普洱了。“先喝上几杯老白茶清清肺气吧。”我轻声招呼二人落座，几杯老白茶后，二人彻底融入了一屋子的安宁和温暖里。

换茶，我拿出敏子送我的十年普洱熟砖“7581”，这是她父亲在世时最喜欢喝的一款茶，如今，这款茶已经成了她对父亲永恒的纪念了，所以她一直格外珍惜。送我的这一饼，我也是一直舍不得喝，因为茶里有人伦的温度。今日冬至，这么重要的一个日子，我们且享用一次吧。

山泉水开了，我用朱泥小壶冲泡，我泡得用心，茶也好喝，一会儿工夫三人就微汗了。十余泡后放陶炉上煮，一屋子浓浓的枣香气息，这让我想到了小满时节老家阳光下开满了枣花的老枣林，和白露时节煦暖的农家小院里家家挂红的枣子香。煮后的茶喝下去，也是格外醇香，三个人俱是一脸的幸福，仿佛生命的好时光，都在这一盏盏可人的茶汤里了。

心也打开了。围炉闲语，我说我的水墨荷花；两个女友，一个说她可爱的小女儿，一个说她童年的好时光。“回不去了，再也没有那么好的岁月了！”两个人都感慨万千。“忆及的那一刻，已经回去了啊，且一直在心。”我笑她二人。娑婆世界有太多的不堪，只要心底的那份美好还在，即使雾霾，也能在心头为自己留一方晴空，这就是心念的力量。

水墨荷花，就是我的心念。大千花种，我至爱有三：蒲公英、茉莉、荷花。在我眼里，蒲公英代表了生命力，茉莉蕴含了东方文化，而荷花，当是灵魂的气息。从小在田野里疯跑的我，会为每一朵盛开的蒲公英驻足；一曲《好一朵美丽的茉莉花》伴随了我整个的少女时

赏荷图　张大千

代，也因为茉莉花茶莫名喜欢了一切的茶；对于荷花，叶、梗、根、花、莲蓬，更是无一不爱。

我的老家是一片盐碱地，适合长苇草，不宜种荷花，但荷花一直长在我的心里，这让我的灵魂多了一些清凉和洁净。抄经用的墨，都是玄宗极品，残墨我舍不得扔，就随意涂抹，我无师自通地会画的第一种花，竟然就是荷花。这真的让我欣喜不已。

想想，真的也没有什么奇怪的。当一个人的灵魂安放在一朵花上，文字、水墨、吟咏……不过是另一种形式的修篱种菊、挖塘植荷。不管灵魂之外的世界多么苟且，多么不堪，心中有荷，眼里会永远有诗和远方。那些美好，也如同冬至的一阳生，即使天寒地冻，也不能阻挡生命潜能的日渐生发。

冬至前夕，八十五岁的刘岳老先生送我一幅墨宝，老人用大篆书“大德曰生”四个字。天地之大德曰生，生机，生命力，生生不息，这是天地自然的无私赐予，也是一份无法回报的恩德。那么，我们如何潜养，才能永葆生命的活力呢?

归根，曰静。顺应自然大道，跟着二十四节气的节奏，不作，不妄，冬至一阳生，春来草自青，如是，大吉，吉祥止止。

小　寒

——辛苦孤花破小寒，花心应似客心酸

一候，雁北乡；二候，鹊始巢；三候，雉雊。

一　品至无味时

已是小寒，天空散散淡淡飘了小雪。此日正值腊八，我用黄米和小米熬了腊八粥，按传统吃法拌了老红糖，黏黏的，香香的，甜甜的，暖暖的。我想《诗经》里的黍和稷，也一定是这样的简单和甜美。

门铃响了，是老胡大哥，他刚从长沙回乡，快过节了，他又送自己种的白菜、大葱来了，年年如此。我把老胡大哥请到屋里，煮上一壶十五年的老普洱，那份陈韵，适合故交。

老胡大哥的儿子西恒是我的弟子，小夫妻都是医学博士，在长沙筑了幸福的小窝，两人工作精进，感情融洽，刚刚又生了儿子，一切可谓顺风顺水。

老胡大哥当然自豪，只是自豪的背后还有一份落寞。小儿子工作那么忙，又带着个小孩子，注定以后回家的日子越来越少。虽然西恒不是他唯一的儿子，他还算不上空巢老人，但那份牵挂和落寞却是一样的。

“在长沙的日子还适应吗？”我故意转了个话题。老胡大哥端起一杯老茶一口饮尽，长叹了一声：“嗨，适应啥？那地方风景好水土

仿李成《雪景寒林图》（清）王翚

好空气好生活好，一切都好，就是不是自己的家！”我扑哧一声笑了，父母的家是孩子永远的家，孩子的家却不是父母心里的家，这是时下很多人的心理，也难怪老胡大哥不适应呢。

“那你和嫂子天天在那里干啥？”我问。“买菜，做饭；做饭，买菜。还能干啥？”老胡大哥一脸无奈，“不过，你嫂子还有一个事儿可做——订盖板儿。”

在一个风景秀美的大都市，坐在旁边满是花树的大露台上，一个北方女人，一针一针地缝盖板儿，缝完一个，给邻居送上一个。这个劳作的过程，就叫寂寞。

可是，一个在田园里忙碌了多半生的农村女人，走进了一座现代化的大都市，你还能让她干点什么？

老胡大哥说，缝盖板儿用的高粱秆儿，是去长沙前嫂子从一棵棵红高粱秆儿上精选的，又细，又匀，又直，可是费了些工夫呢。临上飞机，还有一个小插曲儿。安检非要让放下那一捆高粱秆儿，嫂子急得不行，老胡大哥急中生智：“俺家老婆子本来脑子带着点儿毛病，你能不能不惹她？”这一招真灵，安检看了嫂子一眼，便妥协了。

那些北方盐碱地上生长的高粱秆儿，就这样被带到了温婉、秀美的南国，一个北方的女人，无论走到哪里，心里都是一片北国风光。这样的故土情结，把老胡大哥夫妻疏离在了美丽的南国之外。一边是心爱的小儿子，一边是割舍不开的故园，亲情的眷恋，乡土的眷恋，此时此刻却不能情归一处，叫人情何以堪？

如今，这样的割裂在现实生活中比比皆是，很多家庭再加上空巢的落寞，到处都充满了无奈的叹息声。想到此，我不禁也轻叹一声，一杯老陈茶，喝得五味杂陈。

气氛有些沉重，我点起一炷沉香，看香烟袅袅，如梦如幻，正是人生光景。想起《金刚经》里那个“一切有为法，如梦幻泡影，如露亦如电，应作如是观”的偈子，当下便破了那份执迷。

生活里的一切发生，原本就应该发生；那些回避不掉的到来，也来得刚刚好。不必执着，平和接受便是了。就像端在手里的这一盏老茶，不悲不喜，虽说于平平淡淡中蕴含了万千滋味，喝到尽处，只是无味。无味之味，就是人间至味。

喝到无味时，便如眼前的这一炷沉香，袅袅随了风。如此说来，空巢，也只是一个空；一切，也只是一个空。

天将晚，老胡大哥离开了。我做手擀面，面粉里放了一把豆面，细细切了，清水煮，有特别的香气，亦是儿时味道。今日，一碗粥，一盏茶，一碗面，是个清清淡淡的小寒天。

二　兰若游冬

是日，青林小妮子赴京城卧佛寺，参加云南女才子迎新妹妹的人文茶道人文茶席中级研修，为来年泰山学院的茶文化公益课做藏养去

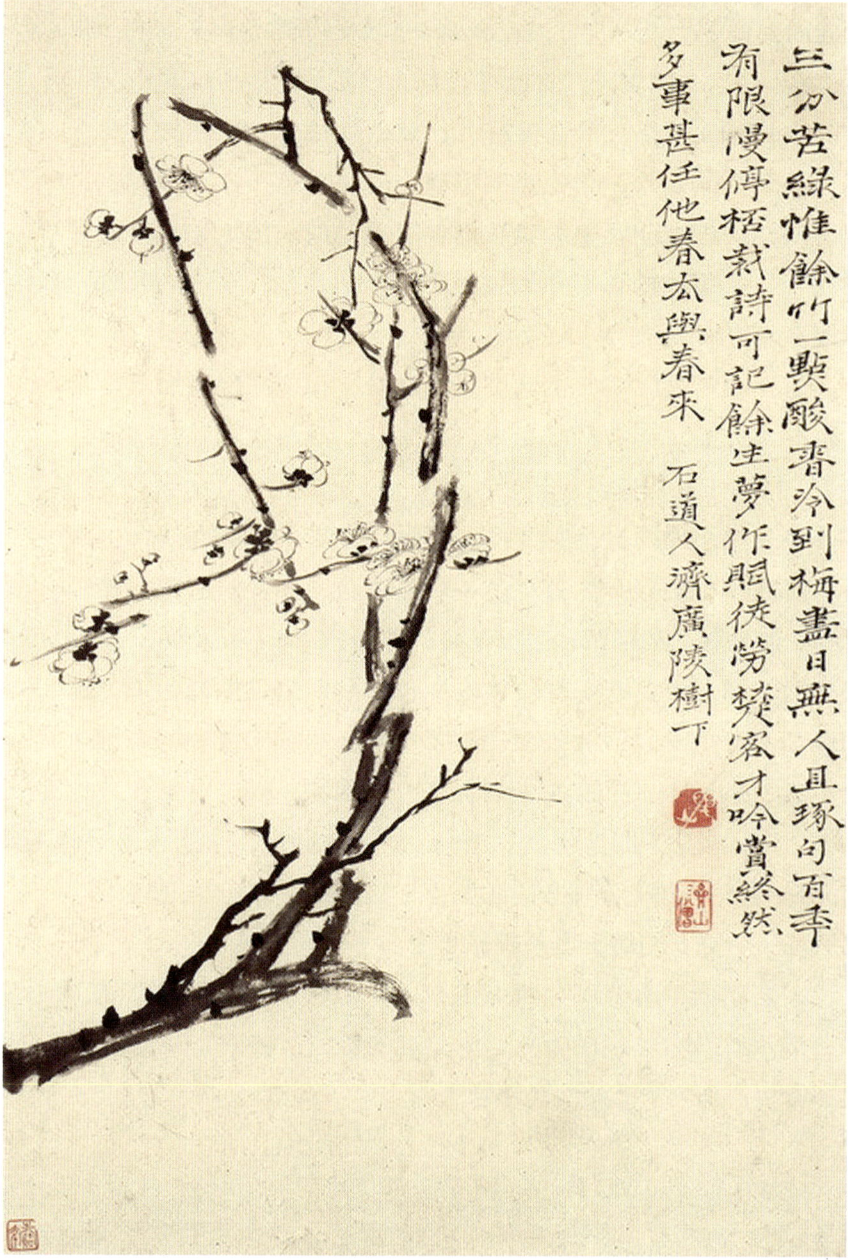
三分苦綠惟餘竹一點酸香冷到梅盡日無人且琢句百年
有限漫傳栝栽詩可記餘生夢作賦徒勞楚客才吟賞終然
多事甚任他春去與春來
石道人濟廣陵樹下

梅花　（清）石涛

了。腊八夜，师生小聚得大茶舍，设雅席吃茶，瀹20世纪90年代竹筒茶、2006年版比腊告景迈古树，和2012年“扣冰”天心禅寺岩茶，俱得欢喜。

小寒节令，卧佛山寒林向晚，白日忙着衔草筑窝的喜鹊们都回巢了，岑寂的山林，清浅的小雪，苍郁的老松，凌寒的梅花，都为腊八茶会做了最好的点缀。腊八茶会茶喝得尽兴，茶点也应景——一碗放了寺院蜡梅花瓣和松子仁的腊八粥、几枚寺院千年银杏树上结的果子，一场充溢了浓郁的人文气息的茶会，很直观也很蕴藉地回应了古人的“天人合一”。

作为随缘的得意弟子，这之前，青林已经在泰山学院教了半年的茶文化课，也成功组织了“岱月露白”和“一葉秋心”两个大型茶会，但她一直不辍学习，用自己的灵性去吸纳一切营养。这样的学习，让她多年被茶润了的一切越发沉淀下来了，那日渐沉淀下来的一切，就叫底气，就是底蕴。

起初，在我眼里，青林一直是随缘身旁那个默默烧水的不起眼儿的灰姑娘。接触时日一长，才知道她有一个很灵性很丰盈的内心世界，那些内在的光辉，如同紫砂壶的包浆，光而不耀，具足含蓄、蕴藉的深层魅力。

在“兰若游冬”研修班上，学员有北京的银行职员，有武夷山茶世家的女孩子，有景德镇做瓷器的男孩子，个个鲜亮，每一个人都是一片和他人不同的树叶。置身其中的青林，只仿佛回归了本原的混沌世界，像个器物一样存在。外界的一切似乎都干扰不到她，她只专注于迎新的讲解，然后用以观照自己生活里的一切。

泡茶的时候，她也只专注于自己的那一泡茶。她知道每一泡茶汤都是纯粹至极的，都是不会欺人的，无论泡茶人怎么掩饰怎么装扮，手中的这杯茶都会把人的内心世界暴露得一览无余。

所以，一样的茶，不同的人会泡出不同的滋味，一个人的文化修养，一个人的初心，一个人对自然的理解……甚至于起心动念，都会

 东坡行吟图 张大千

在一泡茶里折射出来。

在研修班上，青林很少说话，她静静泡茶时，不经意成了大家关注的焦点，她却浑然不觉，当大家不约而同把掌声送给她，她也是淡然无极，只用一杯杯茶汤回应，那杯茶当然也是好喝至极。

最后一天的茶会，青林在茶点组，大家选用的茶点是汤圆，煮熟后滚了黑芝麻粉，用蜡梅点缀，取名“暖馨”。作为迎新的弟子，青林参加过太多的茶会，她总能从各种各样的美和千姿百态的优雅中，找到茶会最核心的东西，比如一杯好喝的茶、一份暖心的茶点，这才是她最最光彩动人之处。迎新妹妹真的是个好老师。

很多时候，人们囿于忙忙碌碌的生活中，难免会生出山林之思，深山古寺的一次茶会也会是很多都市人的向往。渴望一洗尘心，渴望古人的优雅、从容，渴望在大千世界里找到安心的存在……其实茶真正的意义不在山林，而是在实实在在的生活中。

随缘常说：融入平常生活，成为一种生活方式，才是茶的真义。庸常的生活，忙碌的工作，沉重的压力，人欲逃离却不得，此时，不管是办公桌旁的一杯清茗，还是忙里偷闲的一次茶聚，抑或夜深人静时候的独品，都是一片树叶给予人的温情抚慰。当这片树叶的香气幽兰一样若有若无若隐若显氤氲了人的生活，生活如常，工作如常，不知不觉，人附加在其上的情绪却隐去了。

当一切天朗气清，只安心于当下的一切，工作便是工作，吃饭便是吃饭，喝茶便是喝茶，生活安宁有序，如二十四节气一样自然运转，也会如春夏秋冬一样一路呈现单纯而丰富、平淡而生机的风景。

所以，回到生活，接上地气，才是安般兰若。不只是喝茶，一切如是。

湘夫人　傅抱石

三　含弘斋小记

日日好日，今日尤甚。小寒六日，我终于有了一个心仪已久的正式书房。

一大早，梅花半嫣，水仙低眉浅笑，我的心情格外好。午后，朴真工坊的马工把老榆木的书房家具送过来，罗汉床、书架、书案、禅椅、花架、供桌一一归位，阳光打在梅花和水仙上，那些花朵，如此明媚地绽开了笑容，我的笑容，也在心底开成了一朵曼陀罗花。

在这之前，我就已经有了书房的斋号——含弘斋，这是篆刻家冯宝麟先生送我的斋号。

我本是一个蹚着露水长大的村妞，即使读书养出了一身的书卷气，骨子里还是乡野丫头。我心也一向安于泥土，土得多年来也未曾想过给自己题个斋号。风雅的宝麟兄送我含弘斋号，我欣然接受，并决意以此自励。

含弘，乃“包容博厚”之意。《易经》坤卦彖曰：“至哉坤元，万物资生，乃顺承天。坤厚载物，德合无疆。含弘光大，品物咸亨。” 含弘光大，是指大地无所不包，无所不有，蕴藏美好，自然光大。孔颖达疏：“包含宏厚，光著盛大，故品类之物皆得亨通。”后也指恩德广被，宽厚仁慈。

我一向崇尚坤德，学生时代就把坤卦卦辞“地势坤，君子以厚德载物”作为自己的座右铭。我五行也恰好主土，含弘斋就是我精神的土地，我希望自己在这里涵育厚德，包容万物，洗却铅华，回归素颜，踏实本分地读书、写作、做人。土地滋养万物，自然离不开阳光和水。我希望自己能用慈悲的阳光和灵动的智慧之水，润泽自己，也温暖他人。

请书法家庆恩题写了斋号。庆恩一向以天地之道统领做人，又以做人之道统领书道，他的书法天地安稳，干净温暖，是真正的恢宏和大气，我当然爱不释手。作家闻章先生也赐了墨宝：心素一轮月；时闲半壁书。老师说我“素怀若此”，我只当老师的期许，自不敢轻狂。

今日，我坐在含弘斋，细细抚摸着老榆木的纹理，我想到了老人脸上的皱纹，那份岁月感让我的眼睛温热了许久。随缘的“一葉”茶庄，也是朴真工坊的马工设计的，那份本原的自然、朴素，一下子就打动了我。相同气息的人总会走得很近的，茶人、匠人、文人……都会在返璞

南轩隐居图　（清）张崟

归真的路上相遇，遇见了，也不会讶然，一个微笑就熟识了。

在回归的路上，我庆幸自己遇到了这些好友。

书挑了又挑，我只把那些喜欢至极的书搬进书房。字画选了又选，八十五岁的山东书法家刘岳老先生的墨宝“大德曰生”一定要挂起来，《小兵张嘎》的作者、九十岁的老作家徐光耀的墨宝“善用心”也要挂起来时时观照自己；闻章先生的禅画、庆恩的小楷、云薇的四扇屏，书房虽小，也要交替挂。这样，他们的气息会一直和我同在，这是我和书房的另一种滋养。

除此之外，我精选了几款茶和几样茶具带进书房。篆刻名家冯宝麟刻字、葛军手工制作的井栏紫砂壶，韦陀兄弟制作并刻了《心经》的朱泥壶，弟子润和堂主人送的老青花盘，随缘送我的两只老杯子和他的私藏茶“积善”“十二金钗”以及四款“無念”，树岩和庆恩送我的天馥奇香、白龙须……物和人，都是有品的故交，是在岁月里沉淀下来的有韵的情致。

作为含弘斋的主人，我蓦然心生惭愧，我怎么受得起这些好气息？当我的目光定在“善用心”这三个字上时，我的心也定了，善用其心，用心在善，一路正念，那些好的气息，就会一直和我同在。

如此说来，书房，是我生命的又一个道场，在这里，我若含弘，自然光大。是以记。

大　寒

——心藏后凋节，岁有大寒知

一候，鸡乳；二候，征鸟厉疾；三候，水泽腹坚。

一　大年小年

昨日刮了一天刺骨冷风，今日大寒，清冷是一样的，但是阳光很好，天空很蓝，空气的纯度也让人欣喜。

大寒日恰是小年，此日老家有辞灶的习俗，一大早用黍米和金丝小枣蒸了年糕，民间相传用年糕粘住灶王爷的嘴，灶神回到天庭，就不会乱说人间是非了。

和敏子早就订好了九百九十九个面花，供养双缘安老院和弘愿念佛堂的老人和师父。面花和吊炉烧饼，都是小城的非物质文化遗产，也是从美国回来的敏子在小城小住的最爱。作为小城的一张文化名片，面花的考究自不待言，旱地的麦子，老肥发面，揣碱戗面，发一碗面接九碗面，揉面，醒面，反复多次才上模子，剂子不大不小恰恰好，这些都是学问。

单是那模子，又是一种非物质文化遗产。当地产枣，有很多几百年的老枣树，那些模子，都是用老枣木手工雕刻的，可以代代相传。图案也漂亮，或是寿桃，或是石榴，或是葫芦，或是蝴蝶……拙拙的，也极灵动。我自小更喜欢的是那些动物图案，各种鱼，大公鸡，蕴含“年年有余”“大吉大利”，真是祥瑞。

在模子里刚扣出的面花不能马上上锅蒸，要醒到恰恰好，图案也定了型，用农家的老灶台大铁锅蒸，铺上折好的麦秆儿，一层一层的笼屉摞老高，锅盖也是草编的那种，透气性极好。

小时候，在出锅的面花上点红点儿，是小女孩儿特别喜欢干的事儿。白白的暄暄的面花，不偏不倚点上一个红点点，犹如女人饱满的眉心点了一个美人痣，大大满足了一个女孩子的爱美心理，如果哪个女孩儿没能抢上给面花点红点点，会噘着嘴抹眼泪的。

水仙　（清）石涛

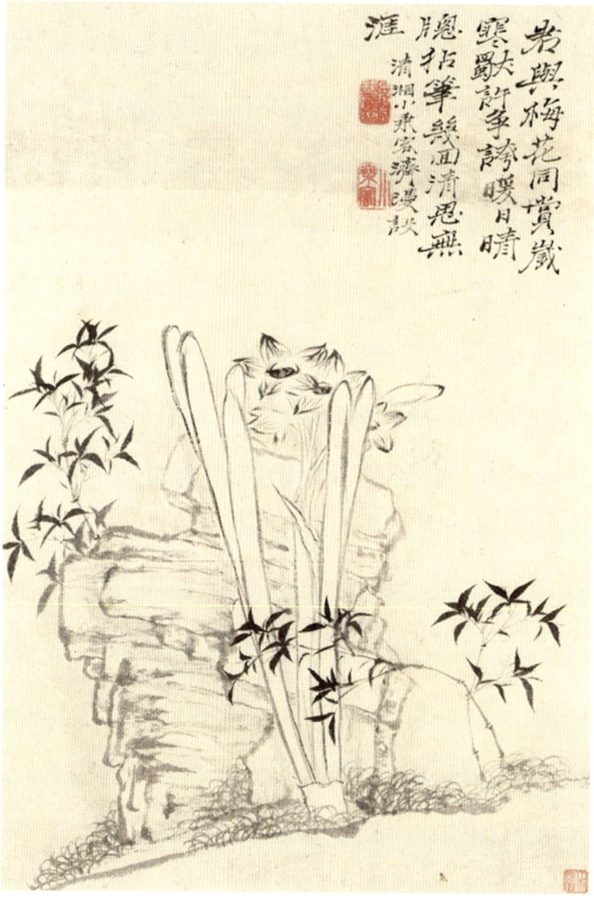

春节，娶亲，面花自不能少，拜亲访友，也要提上一盒，有了这个稀罕物，倒显得那些名贵的烟酒水果稀松平常了。所以，今日供养老人和师父，我想到的一品礼物，就是小城的面花。

到了安养院，厨房里正在蒸年糕，黄、白两种年糕面，放了红枣，很整齐地排开。那年糕也不像我做得那么粗糙，个个小巧精致，敏子看着新鲜，一阵狂拍。

弘愿念佛堂的厨房里，正在包茴香饺子。蒸年糕，包饺子，都是小年的习俗。在光洁明亮的念佛堂，我们几个人顶礼膜拜，也把自己的心愿，赤裸裸袒露给阿弥陀佛。此时，阳光打在念佛堂，心内心外，俱是温暖明亮。

一年里贴着日子的文化行走，从大自然那个书房，回归到家里的这个书房，我的心格外踏实。每个人的生命里，都会有这样两个书房，安然静坐时，细数二十四节气里的那些日子，两个书房在心里合二为一。

光明使者送的那盆兰花，已悄然绽开一朵，随着一朵一朵的兰花次第开放，那个春的节日越来越近了。日复一日，年复一年，春生，夏长，秋收，冬藏，在二十四节气的轮回中，天地万物生生不息。

因为，天地之大德曰生。

二　围炉夜品

独酌　齐白石

购得一个小巧的电陶炉，状若南瓜，很古朴，拿出一把闲置了两年的小铁壶放上去，真是绝配。

顿时兴致大起，是夜围炉，煮“昔归”古树老茶头，得一人之神，逍遥自在。

以前总是喜欢热闹，每至周末，便呼三五好友，一壶茶，一碟茶点，一通闲聊。也曾热心于各种茶会，远方的朋友一声招呼，或是在青岛的海边，或是在大理的梨花园，或是在五台山的小溪边，或是在泰山的古寺院，天南海北的朋友，相期于茶，相遇于茶，人散后，亦是一钩新月天如水。

渐渐的，当我把视线拉回身边，我发现生活并不在别处，身边尽是尘世的温暖和辛酸，当然也不乏世俗的表情和本然的善意。岁月渐深，我越发回归了内心，我发现那个小小的庭宇，好丰富，真有趣，特好玩。于是，我就更喜欢和自己在一起了。寂寞的人说那是寂寞，孤独的人说那是孤独，我很享受，所以只能说舒服。

如今，在这大寒的冬夜，捧着一杯古树普洱，看陶炉的炉丝红红，听铁壶的煮水汩汩，任屋外市井多么得灯红酒绿，多么得熙熙攘攘，我只拥有这一屋的安静和一炉的温暖。

思绪却是自由的。它的第一个着陆点，就是我老家的老屋。小时候，没有暖气，没有空调，土炕烧得热热，从灶火里扒拉出未燃尽的棒子瓤儿，笼在火盆里，放在土炕上，一家人围着火盆烤手。手暖和了，抓一把玉米粒，埋在火里，嘭的一声，玉米花跳出来了，连着一份刺激、快乐一起香喷喷地嚼。口渴了，当然没茶喝，跳下土炕，在水缸边舀起一瓢带了薄冰的水咕咚咕咚喝下，然后钻被窝睡觉。

芦汀密雪图 （宋）梁师闵

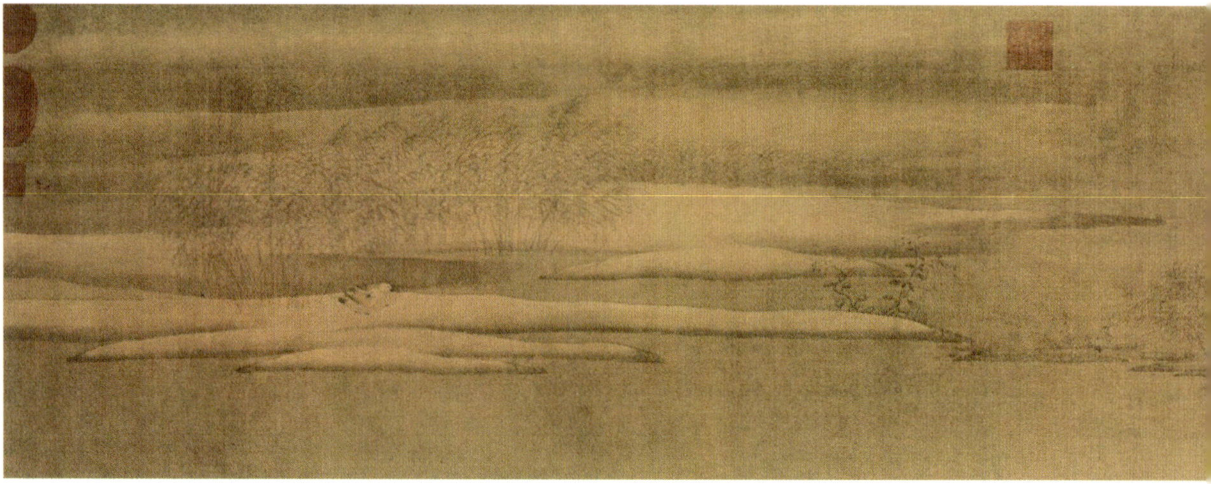

思绪的第二个着陆点，就是我工作后宿舍里的煤火炉。每到晚上，把炉火捅得旺旺，烧上一壶水，几个同事围着炉子侃大山。当然不是侃艺术和哲学，大多是说小时候冰雪覆盖时的种种游戏，那些乐趣，说的爱说，听的爱听，一夜一夜数，也乐此不疲。渴了，喝自制的枣茶。红枣放炉边烤焦，然后放瓷缸子用滚开的水浇，几个人抢着喝。

想起这些，嘴边当然会是泛着笑意的。那些记忆是如此的隽永，如这一壶古树普洱，值得一品再品。而且越是一人独品，越是隽永、自在。

许是老了吧，我自嘲。老就老了吧，反正记忆里有童年在，有青春在，有贫瘠里的厚重在，有凛冽里的温暖在，还有什么不满足的呢？不是有很多人，即使老之将至，生命垂危，记忆里也没有留住什么吗？那才是真正的悲哀。

守着冬日的小陶炉，守着自己的一颗心，当下，一个人，且让我好好享受手中的这一杯茶吧。

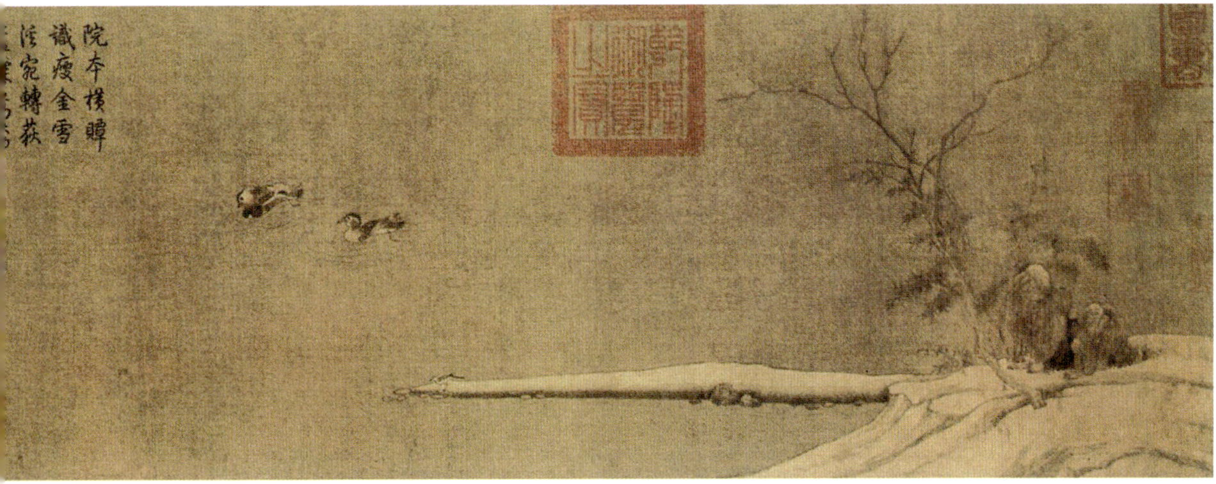

三　一起来数九

周末的午后，我坐在二楼的阳台上享受冬日的暖阳。窗外，几个小女孩儿正在跳皮筋，那身姿轻若飞鸿，有很强的律动感，嘴里似乎还念念有词。我开窗细听，乐了，她们唱的是北方的《数九歌》：

一九二九不出手；
三九四九冰上走；
五九六九，沿河看柳；
七九河开，八九雁来；
九九加一九，耕牛遍地走。

这也是我小时候最喜欢的儿歌，过了冬至，开始数九，我和小伙伴儿们一边蹦房子，一边数儿歌。数着数着，树绿了，花开了，春天来了。

有一年冬天，在江南的一所学校，我在课间听过南方的《数九歌》：

一九二九，相见弗出手；
三九二十七，篱头吹筚篥；
四九三十六，夜晚如鹭宿；
五九四十五，太阳开门户；
六九五十四，贫儿争意气；
七九六十三，布袖担头担；
八九七十二，猫儿寻阳地；
九九八十一，犁耙一齐出。

孩子们的尾音带了江南的温软，听得我心都要化开了。

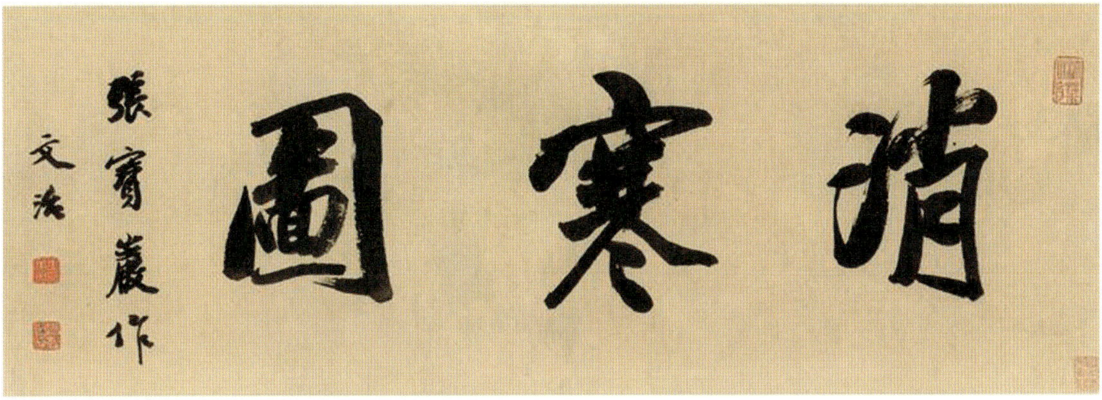

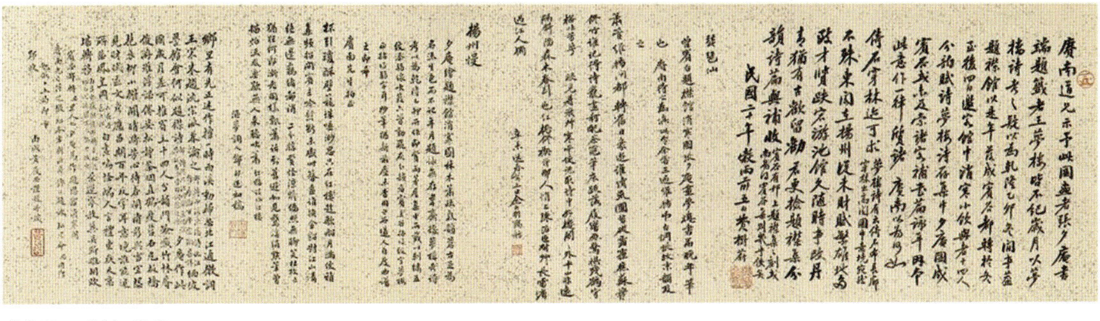

消寒图　（清）张崟

松下高士图　张大千

有这些儿歌相伴，数九寒天的日子，便多了一些诗意的乐趣和融融的笑意，真是好。

我瞬间想到了汉风先生彭城书院的梅花消寒图。冬至前，由书院的一位老师在一张白纸上画上一枝素梅，点染九朵梅花，每一朵花九个花瓣儿。在书院二十四节气之一的冬至茶会上，奉亲庵住持能通法师在消寒图上庄重地涂上了第一笔。自此，书院再精选八十位国学爱好者，每天接力式染上一枚梅花瓣儿，待九十一枚花瓣儿染完了，九九尽，春正深。

九九消寒图，是中国北方传统的习俗。古人崇尚天人合一，每一个日子都贴着自然过，把生活经营得意趣横生。或者说，意趣横生是现代人的评价，古人只道那是平常。

梅花消寒图是方式之一。据明代刘侗《帝京景物略》记载："冬至日，画素梅一枝，为瓣八十有一。日染一瓣，瓣尽而九九出，则春深矣，曰九九消寒图。"那梅花有墨梅和红梅，各得意趣。汉风先生的书院，传承的就是这一文化习俗。

还有一种图卷式消寒图。据说文天祥在数九寒天被捕入狱后，在墙上画了九九八十一格，每天涂上一个，蕴含冬会尽、春会来的信念。以后流传到民间，百姓也用来记录天气，民间歌谣谓之：上阴下晴雪当中，左风右雨要分清，九九八十一全点尽，春回大地草青青。

我个人最喜欢的是描字式消寒图。"庭前垂柳珍重待春风"，九个字，每字九画，每天一笔，字描尽了，春暖花开了。单是那九个字本身，每一个都有温度，如冬日老屋门口老祖母絮絮的叮嘱声。

窗外孩子们伴着《数九歌》跳得正热闹，我也看得兴味盎然。中华文化就是这么润在我们的寻常生活中，唱唱儿歌，画画消寒图，一个漫长的冬日，和国画、毛笔字距离那么近，和大自然厮守得那么缠绵，没有微信，没有游戏机，没有电视剧，那份闲逸和从容，不就是文化的魅力吗？

没有文化，和大自然一起律动，也是很有意思的，比如生在乡村的我，就是大自然的孩子。下雪了，我和雪同在，堆雪人，打雪仗，或者踩着厚厚的白雪走进原野很远很远，只为喜欢听咯吱咯吱的踩雪声，只为喜欢看茫茫白雪中两行歪歪斜斜的小脚印。冰冻了，我和冰同在，在冰上快跑几步，然后双脚并立滑行，只玩得头上热腾腾冒汗。冬日最美妙的还是雾凇，童话一样挂满了树木和杂草，我痴痴地望着，能把自己安静成一棵挂满雾凇的树，那些纯洁的奇思妙想，也永远地挂在了家乡的雾凇上。

还有那满野的麦苗和柳树，即使在冬日里也绿着柔软着，不用在冬日翘首期盼春天，我总是觉得，春天也是一直和冬天同在的。

这么细数着日子时，我的心不知不觉融化了。随之，一团春的意思，在生命深层蠢蠢萌动。